身 心 灵 魔 力 书 系　　情 感 丛 书

SHEN XIN LING MO LI SHU XI QING GAN CONG SHU

刘玉寒/著

U0742281

/M/O/T/I/O/N/A/L Q/U/O/T/I/E/N/T

情商

乱云飞渡仍从容

中国出版集团　现代出版社

图书在版编目(CIP)数据

情商:乱云飞渡仍从容 / 刘玉寒著. —北京：现代出版社，2014.2
(2021.3 重印)

(身心灵魔力书系)

ISBN 978 - 7 - 5143 - 1821 - 0

Ⅰ. ①情… Ⅱ. ①刘… Ⅲ. ①情商 - 青年读物②情商 - 少年读物
Ⅳ. ①B842.6 - 49

中国版本图书馆 CIP 数据核字(2014)第 039744 号

作　　者	刘玉寒
责任编辑	王敬一
出版发行	现代出版社
通讯地址	北京市安定门外安华里 504 号
邮政编码	100011
电　　话	010 - 64267325 64245264(传真)
网　　址	www.1980xd.com
电子邮箱	xiandai@ cnpitc. com. cn
印　　刷	河北飞鸿印刷有限责任公司
开　　本	700mm×1000mm　1/16
印　　张	11
版　　次	2014 年 2 月第 1 版　2021 年 3 月第 3 次印刷
书　　号	ISBN 978 - 7 - 5143 - 1821 - 0
定　　价	39.80 元

P 前　言
REFACE

　　为什么当今时代的青少年拥有幸福的生活却依然感到不幸福、不快乐？怎样才能彻底摆脱日复一日的身心疲惫？怎样才能活得更真实快乐？

　　在英国最古老的建筑物威斯敏斯特教堂旁边，矗立着一块墓碑，上面刻着一段非常著名的话：当我年轻的时候，我梦想改变这个世界；当我成熟以后，我发现我不能够改变这个世界，我将目光缩短了些，决定只改变我的国家；当我进入暮年以后，我发现我不能够改变我们的国家，我的最后愿望仅仅是改变一下我的家庭，但是，这也不可能。当我现在躺在床上，行将就木时，我突然意识到：如果一开始我仅仅去改变我自己，然后，我可能改变我的家庭；在家人的帮助和鼓励下，我可能为国家做一些事情；然后，谁知道呢？我甚至可能改变这个世界。

　　的确，在实现梦想的进程中，适当缩小梦想，轻装上阵，才有可能为疲惫的心灵注入永久的激情与活力，更有利于稳扎稳打。越是在喧嚣和困惑的环境中无所适从，我们越觉得快乐和宁静是何等的难能可贵。其实"心安处即自由乡"，善于调节内心是一种拯救自我的能力。当人们能够对自我有清醒认识，对他人能宽容友善，对生活无限热爱的时候，一个拥有强大的心灵力量的你将会更加自信而乐观地面对现实，面向未来。

　　本丛书将唤起青少年心底的觉察和智慧，给那些浮躁的心清凉解毒，进而帮助青少年创造身心健康的生活，来解除心理问题这一越来越成为影响青少年健康和正常学习、生活、社交的主要障碍。本丛书从心理问题的普遍性着手，分别描述了性格、情绪、压力、意志、人际交往、异常行为等方面容易出现的一些心理问题，并提出了具体实用的应对策略，以帮助青少年朋友科学调适身心，实现心理自助。

C目　录
ONTENTS

第三章　难以掌控的情绪

第四章　情商影响情绪

第五章　要让情绪为己用

第六章　优化个人情商效能

第十二章　情商的 8 种能力

第一章
情商改变智力时代

　　情商，能够帮助我们有效地应对生活中发生的各种情形，特别是种种的不如意，让情绪为你所用，而不是跟你捣乱。鉴于情绪跟每个人都是与生俱来、如影相随的，即取其开端、首要、根本、无所不在之意。简单地说，情智就是感知、理解、表达、管理情绪和情感的能力。情商，则是测量情智的商数，就如同智商是测量智力的商数。

一、情商的由来

我们不少人大概都有过这样的经历和感慨:学校毕业若干年后,在老同学聚会上,突然发现上学时成绩不怎么样的同窗反倒"混出个样子"了,而当年的学习标兵却成就平平,毫无建树。在我们身边,也常能遇到一些怀才不遇、命运多舛的聪明人,以及一些资质平平却傻人有傻福的一般人。

如果高智商不一定就意味着高成就,那么,究竟是什么起了更大的决定作用?

几十年前,也是同样的问题激发了西方心理学家探究的兴趣,他们想知道:

为什么有人能把冰卖给因纽特人,有人却不能把鞋卖给光脚的人?

为什么泰山崩于前,有人惊慌失措,有人却能面不改色?

为什么遇到困难失败,有人越挫越勇,有人却一蹶不振?

为什么在同样的环境中,有人能上善若水随形就势,而有人却牢骚满腹怨天尤人……

造成这些差距的,真的是"性格决定命运"吗?经过数年的研究和实证,西方心理学家终于探究出其中的玄机,这就是:情商。

1990 年第一个提出"情智"概念的约翰·梅耶和彼得·萨洛维博士,把它界定为"准确识别、评价和表达情绪情感的能力,通达或产生适当情绪情感以促进思考的能力,理解情绪情感及其知识的能力,管理情绪情感以推动情绪情感与智力的成长的能力"。

简单地说,情智就是感知、理解、表达、管理情绪和情感的能力。情商,则是测量情智的商数,就如同智商是测量智力的商数。按照约定俗成的说法,我在本书中将这两个概念统称为情商。

美国心理学家约翰·梅耶和彼得·萨洛维、鲁文·巴昂以及丹尼尔·戈尔曼对情商的研究,代表了这个领域里的三个主要流派。尽管他们对情商力的诠释各有侧重,但概括起来,不外乎以下五大类能力:

第一类是识别、理解各种情绪和情感，并能非破坏性地表达它们的能力；

第二类是理解他人的情绪和情感，并能本着协作的态度与他人建立关系的能力；

第三类是有效地管理和控制情绪情感的能力；

第四类是管理变化以及由变化引起的情绪情感的能力，适应并解决个人以及人际关系问题的能力；

第五类是保持积极心态并自我激励的能力。

有一位教育界人士谈及情商培训时，他说："我们都需要提高情商啊！不过，要是人人都给培训成了情圣，也会有问题。"像这样把情商等同于谈恋爱的技巧，是对情商最常见的一种理解。

或许，谈情说爱是对情商最直接的考验，但显然，情商的功用远不止于此。

写下这些字时，北京刚刚遭遇一次强暴雨，开车的、乘车的都被堵在路上。困在车上的若干小时里，有人大骂鬼天气，有人下车淋透雨，有人怨政府，有人叫外卖，有人惊呼 2012 到来了，有人困在车里正好谈恋爱……谁都得等路通了才能回家。是怒骂愁烦，还是淡然处之，不同的应对，却决定了一段生命时光的质量高下。

魔力悄悄话

情商，能够帮助我们有效地应对生活中发生的各种情形，特别是种种的不如意，让情绪为你所用，而不是跟你捣乱。鉴于情绪跟每个人都是与生俱来、如影相随的，即取其开端、首要、根本、无所不在之意。

二、《哈利·波特》——情商的产物

1983 年夏天，18 岁的英国姑娘乔安妮进入了离家不远的埃克塞特大学。她的第一志愿专业是英国文学，因为她一直深信，自己唯一想做的事情，就是写小说。但她从未上过大学的父母坚持认为，她过度的想象力是一个令人瞠目的怪癖，根本不足以让她支付住房抵押贷款或是取得足够的养老金。乔安妮在自己的雄心和父母的期望之间作了些许妥协，她改学法语，但同时又背着父母报名学习了古典文学。

1987 年，大学毕业初入职场的乔安妮辗转于伦敦的办公楼，从事着她毫无兴趣的文秘工作。每到午餐时间，她不像其他同事那样结伴就餐，而是独自去咖啡馆等安静场所，专心致志地写小说。

1990 年 6 月的一个周末，乔安妮探望住在曼彻斯特的男友后，坐上返回伦敦的火车。火车晚点了，乔安妮百无聊赖地盯着窗外的牛群。这时，一个形象突然出现在她的脑海里：一个 11 岁的小男孩，一副圆眼镜后面是一双绿色的眼睛，头上顶着凌乱的黑发。那天晚上，乔安妮开始在一个小本子上写起来。到了 1995 年，她已经写了 9 万多字。

1997 年 6 月 26 日，《哈利·波特与魔法石》在英国正式出版，乔安妮从此成为哈利·波特之母——罗琳。

随后在全球刮起的哈利·波特旋风，使罗琳成为第一个收入超过 10 亿美元的作家，并带动了一个 2000 亿美元的产业链，其身家甚至超过英国女王。

这是一个灰姑娘般的童话。但从灵感突现到一朝成名，罗琳其实经历了整整 7 年的破茧化蝶过程。让我们来看看这 7 年时间里都发生了什么。

罗琳的母亲重病缠身，这一直是鞭策她写作的重要因素之一。可 1990 年年底母亲去世了，不久后，她的公寓又遭抢劫，母亲留给她的所有纪念品都被一扫而空，年仅 25 岁的罗琳深受打击——如果这时，罗琳如台湾歌星陈淑桦一样，自闭在丧母之痛中，也便没有了《哈利·波特》。

更加雪上加霜的是,她与男友的感情也走到了尽头——如果这时,罗琳如大陆歌星陈琳一样,在情伤中自毁生命,也便没有了《哈利·波特》。

好在,罗琳的选择是离开英国,带着已开头的《哈利·波特》手稿去了葡萄牙,当起了英语老师。在授课之余,她又开始在咖啡馆里写作,再到学校中把稿子打出来。

1992年,罗琳在葡萄牙结婚,并在1993年生下女儿。但之后却遭到家庭暴力,最后被丈夫赶出了家门——如果这时,罗琳沉沦,也便没有了《哈利·波特》。

好在,罗琳选择了求助,并在警察的帮助下要回了女儿,随即带着女儿离开葡萄牙。返回英国后,罗琳成了一个失业的单身母亲,不得不寄居在妹妹的小公寓里——如果这时,看不到未来和希望的罗琳自暴自弃,也便没有了《哈利·波特》。

好在,罗琳想出了一个让自己脱离困境的计划:找一份执教工作。政府的救济资助使她和女儿有了一个容身之处,尽管领取政府救济的过程让她感到羞辱。与丈夫正式离婚后,心情抑郁的罗琳一度想到自杀——如果这时,罗琳没有因为想到女儿而放弃这个想法,也便没有了《哈利·波特》。

好在,罗琳找到心理咨询师,接受了认知行为疗法,并从那段艰难的时光中走了出来。多年后她回首往事说:"我从来没有为自己曾经抑郁沮丧而感到羞耻,从来没有。我非常骄傲我能脱离那种生活。"

1994年夏天,罗琳的妹夫买下了一家咖啡馆,她重新开始在咖啡馆写作,只是这时多了一个女儿。她常常只买很少的食物或饮料,把女儿哄睡在婴儿车里后,就在一个安静的角落写作——如果这时,罗琳在生活的重压下放弃写作,也便没有了《哈利·波特》。

好在,罗琳一边为了取得教师资格而学习、实习,一边还在寻找工作,但从未间断过创作。

1995年,罗琳完成了《哈利·波特与魔法石》的手稿,因为没有钱复印,她在完成作业的间隙用打字机把手稿打了两份。在随后的投稿过程中,罗琳共遭到12家出版社的退稿——如果这时,罗琳因受挫而自我怀疑,而将书稿付之一炬,也便没有了《哈利·波特》。

好在,布鲁姆斯伯里出版社慧眼识珠,在1996年买断了首版出版权,罗琳从中获利1910美元。但出版人一度告诉她:要想靠儿童文学赚钱似乎不大可能——如果这时,罗琳确认自己是为赚钱而写作,也便没有了《哈利·

波特》后面的续集。

好在，终于取得了教师资格和一份工作的罗琳，仍在创作第二本，尽管她偶尔也会为自己没干些更务实的活计去挣钱而感到羞愧。

1997 年 6 月，在罗琳完成手稿两年后，《哈利·波特与魔法石》才出版问世，虽然首印只有 500 册，但能看到自己的书付梓，罗琳就已经很高兴了。她把书挟在腋下，逛遍了整个爱丁堡——如果罗琳曾经指望这本书能给她的生活带来翻天覆地的变化，那她一定会失望，哈利·波特的故事也便到此为止了。

好在，在第一本书出版后的两周内，罗琳又把已完成的第二本《哈利·波特与密室》交给了出版社。

2008 年 6 月，当罗琳受邀在哈佛大学的毕业典礼上致辞时，她回首了这段"失败达到了史诗般规模"的艰难日子，并分享了她从中得到的人生感悟："我生命中的困境触底，也正是我重建生活的坚实基础。"

魔力悄悄话

当你面对失败或颓势时，千万别慌了手脚而大发雷霆，试着将注意力放在积极的想法上面。能把困境变为重建基础，正是因为她的情商足够高。

三、情商∶智商 = 1∶2

从罗琳的故事里我们看到,她的成功并非因为她如何智力超群,而是她的情商实在很高。即便她有着惊人的想象力,如果不是她管理好了情绪,用积极的作为应对数次的不如意,《哈利·波特》也可能早就流产了。

事实上,情商专家们总结出一个经验法则:在所有领域的所有工作岗位上要取得胜人一筹的成就,情商所起的作用都比智商重要两倍。

更出人意料的是,即便在通常被认为是靠智力角逐的科研领域,这个法则也同样适用。美国加州大学伯克利分校从 20 世纪 50 年代开始了一项持续 40 多年的研究:对主修自然科学的博士班学生做深入的 IQ 测评和人格测评,并由心理学家通过谈话的方式评估他们的情绪平衡、成熟度、个人完整感和人际关系等特质。40 多年以后,这些被研究的对象都已经六七十岁了,研究者以资历、在同行业中的声望以及《美国科学界名人录》等评估他们的成功程度,结果发现:情商能力对于其成功的重要性,竟比智商还要高出 4 倍!

所以,情商理论一出,不仅在学术界受到关注,更是在教育界和商界都引起轰动,被认为一举结束了"智力第一"的时代,更被《哈佛商业评论》誉为"上一个十年里最有影响的商业概念之一"。

但这里有必要纠正一个以讹传讹的说法,就是将情商比智商更重要绝对化,甚至夸大为"决定成功的因素中智商只占 20% 而情商占 80%"。

魔力悄悄话

智商固然重要,但仍取代不了情商,只有在智力与情商的综合作用下,才能有所成就。事实上,情商专家们总结出一个经验法则:在所有领域的所有工作岗位上要取得胜人一筹的成就,情商所起的作用都比智商重要两倍。

四、智力之外的一种智能

西方心理学家们在解剖学和神经学的帮助下,已经揭示出大脑既是思维也是情感的中心,但大脑又是以不同的脑区为生理基础的。

哈佛大学的霍华德·加德纳博士,在 20 世纪 80 年代提出了多元智能理论。他认为,能显著到被单独看待的一种智能类型,需要在大脑中有指挥和调节它的特定区域。而艾奥瓦大学医学院的专家团队与以色列裔心理学家鲁文·巴昂合作的一系列研究,正是成功识别了对情商起着关键作用的几个脑区,并且证明了它们有别于与智商对应的脑区。

通过对大脑确切区域受损的病人进行研究,他们发现损伤部位与病人表现出来的特定能力的削弱或丧失之间存在关联。例如,研究人员曾在实验中使用一种赌博游戏:在 A、B、C、D 四叠卡片中,选一张 A 或 B 卡可获得 100 元,选 C 或 D 是 50 元,但同时,每选 10 张 A 或 B 卡要被罚掉 250 元,而每选 10 张 C 或 D 则可以另外获得 250 元——也就是说,A 和 B 卡存在高风险,而 C 和 D 卡则是只赚不赔。玩家可以任意选择 100 张卡片,目标就是拿到尽可能多的钱。

在参加实验的人中,大脑健全者都知道选择 C 和 D,避免 A 和 B;而智力脑区完好但情商脑区受损的人则仍选明显不利的 A 和 B。检测仪器显示,在选 A 或 B 卡前,健全者的大脑会产生皮电活动,应该就是那种所谓的"直觉",起到了提醒风险的作用。相反,大脑受损者却没有产生这种直觉。

魔力悄悄话

决策是由预测未来时产生的情感信号引导的,而主管情感体验和处理的脑区一旦受损,就会直接影响一个人的判断和决策能力。

五、情商与智力

情商不仅是有别于智商的一种智能,而且与智商也没有直接的关系(相关系数仅为 0.1)。

2011 年夏天,有一位北京邮电大学的男博士生跳楼自杀,留下了一封遗书:"我太没用了。现在知识太没用了。有用的只是金钱和权势,有用的只是关系和背景。现在要凭正直的才华去出人头地,太难太难了。我也曾试着找过工作,但是没有人用我。我对这个世界彻底地绝望了。"能登上学业塔尖,却无法面对社会,这样高智商低情商的跛子在我们的生活中屡见不鲜。

情商与智商还有一个区别在于,一个人的智商在 17 岁左右达到高峰,随后就基本固定不变了,而情商则有可能随着年龄的增长而得到提高。加拿大 MHS 公司(一家心理测评出版公司)通过对全球情商测评数据的研究发现,在各个年龄段中,40~49 岁中年人的情商最高,这似乎也呼应了中国古人有关"四十不惑"的感性说法。

魔力悄悄话

情商与智商还有一个区别在于,一个人的智商在 17 岁左右达到高峰,随后就基本固定不变了,而情商则有可能随着年龄的增长而得到提高。智商的高低对情商的影响不大,智商高不一定意味着情商就高。

六、情商与个性

我们通常说的"性格"或"个性",在心理学中被称为人格,它是由特性和气质组成的,是一个人"静态的""战略性的"特性。西方心理学家从对双胞胎和领养孩子的大量研究中已经得出结论,一个人的人格特质——比如,内向和外向——基本上是由遗传因素决定的,很大程度上是不可改变的,即所谓的"江山易改,本性难移"。

情商则不同,它由短期的、战术性的、动态的技能构成,这些技能是用来随机应变的——比如,遇到危险要么拔腿就跑要么奋起反击——所以被称为"应对技能"。当然,这些战术性的应对行为一旦习惯成自然,难免被看作是"性格"。在这个意义上,如果把天生个性比作是毛坯房,情商则是参与了环境对它的后天装修。例如,天生悲观的人可以通过学习和训练变得乐观起来,成为一个"可以乐观应对的悲观主义者"。

国内最具争议的"反伪打假斗士"方舟子,在长期的打假活动中,表现出疾恶如仇、不屈不挠的鲜明个性。长期在网络和平面媒体上发表文章,批判伪科学、伪环保、伪养生、伪气功等,还出版过19本以科普和反学术腐败为题材的著作。2000年创办第一个中文学术打假网站"立此存照",揭露了多起科学界、教育界、新闻界等领域的腐败现象,直指国家部门和高校的高级领导、著名教授等。

对于他的"较真儿",喜欢的成为其铁杆粉丝,不喜欢的谓之"偏执",方舟子反驳说,"那叫认真不叫偏执,只是在一个不正常的环境里,把一种认真的性格变成了偏执。说我有时候显得很不正常,其实是这个社会不正常,我觉得自己还挺正常的。"

天性"比较理想化,比较单纯,比较较真儿,不怕得罪人",算不上错,怕是也很难改了。但问题是,这种个性并没能帮他在这个"不正常的社会"里,过上他所希望的"平静"生活。他不仅一直处于与人对峙的风口浪尖上,还曾因此被报复袭击,遭到不法侵害,家人也受到连累。

究其原因,这位海归博士一度承认"跟人打交道这种能力比较差",并说自己的情商是零:"如果事事都要讲原则,放在中国现在的环境下,我的情商确实很低。我没有在中国的社会混过,大学一毕业就去美国了,回到国内之后也基本上是生活在自己的圈子里面,所以我的亲戚有时候说我在美国学傻了。美国的人际关系是很单纯的,没有这么多钩心斗角。"

显然,这位毕业于中国科技大学、身为美国生物化学博士的高智商人才,也意识到自己的情商不够用了。如果方博士跟人打交道的能力再高些,在改变这个社会的不正常的同时,也让自己的正常见容于人,他的打假事业一定会更顺利。

魔力悄悄话

情商约束意气用事。交际能力的体现在于情商的高低。天性"比较理想化,比较单纯,比较较真儿,不怕得罪人",算不上错,怕是也很难改了。

七、情商与道德

常常听到有人把情商和道德混淆起来，甚至以为提高情商就是要做活雷锋，所以有必要做个澄清。

道德是衡量行为正当与否的观念标准，用以维护群体及个人的权益最大化。人类的道德有共通性，比如，和平是不分种族的对错标准。一个社会通常有公认的道德规范，比如，中国传统文化奉行"仁、义、礼、智、信"，西方民主国家遵从自由、平等、诚信。

可见，情商并非道德。但是，一个人若要有效发挥情商，势必不会背离其个人以及所属社会的道德标准，否则就算他情商再高，肯定也难以实现"顺人而不失己"的人际和谐，自然还是谈不上成功和幸福。

唐骏，大概是我见过的最大张旗鼓推崇情商的中国商界名人。2009 年10 月15 日，他到北大演讲时，被学生问道，"如果只能用两个字概括你的核心竞争力，那会是什么？"这位打工皇帝脱口而出："情商！"

"在合适的时间、合适的地点，用合适的方式，说合适的话。"是唐骏给情商下的定义，听起来就像俗话说的"人精"。他能从一个愤世嫉俗的大学生，一路过关斩将，赢得中国职业经理人的最高身价，其情商也应该甚是了得。

但是，就在他春风得意之时，2010 年7 月被揭发出其所宣称的"获得加州理工学院计算机科学博士学位"实为造假，面对他书中该段文字的图片证据，唐骏仍否认自己曾有此说。12 天后，《名汇 FAMOUS》杂志记者问到"真诚还算不算一个成功的要素"时，唐骏答道："当然是一个要素，你不真诚就很难成功，如果不真诚的话你根本就做不到这一天。有人说我们这个世界上很多人靠花言巧语，你可以蒙一个人，那如果把全世界都蒙了，就是你的真诚蒙到了别人。你欺骗一个人没问题，如果所有人都被你欺骗了，就是一种能力，就是成功的标志。"他还坚持称自己从头到尾都是一个真诚的人。

9 个月后，唐骏向《IT 时代周刊》独家披露自己海外求学的完整经历时才坦言，他拿到的是美国西太平洋大学博士学位，而且是在花了 3000 多美元但并没有修满课程的情况下得到的。但据《芝加哥太阳报》的报道,该大学在1994年被加州政府吊销营业执照,1996年才续了执照,而唐骏的博士学位证书的颁发日期是1995年4月13日。

就这样,一个自称"会做人,会做事,会作秀"的情商高手,即便是在遍地山寨、诚信堪忧的中国,仍是栽在了"学历造假门"上,职业声誉毁于一旦。正应了隋人王通在《止学》里说过的话:"人无誉堪存,誉非正当灭"。

另一方面,道德好也不一定意味着情商就高,更不是有了道德就可以不要情商,中国明代的海瑞就是一个教训。

在大多数国人心目中,海瑞是一个刚正不阿的清官典范。事实上也是。

他44岁做地方官时,一次巡抚儿子路过该县,因招待不周,把接待人员倒挂起来毒打。海瑞大怒,派人把"官二代"也倒挂起来痛打一顿,随后致信巡抚:我记得大人以前外出巡视的时候曾经说过,各州县都要节约接待,过路官员不准铺张浪费,但今天我县接待一个过往人员的时候,他认为招待过于简单,竟然毒打了接待人员,还自称是您的儿子。我向来听说您对儿女的教育很是严格,怎么会有这样的儿子呢?这个人一定是假冒的。他败坏您的名声,行为如此恶劣,为示惩戒,我已经把他的全部财产没收了。现在把此人送到您那里,请您发落。

海瑞清廉至死,他去世的前几天,退掉了上面送来的六钱银子。死后,官员为他治丧,却发现当官几十年的海瑞竟然家徒四壁,只有用葛布制成的帷帐和破烂的竹器,最后还是靠同僚的捐款才得以下葬。发丧之日,爱戴清官的百姓们戴孝相送,祭奠哭拜的人百里不绝。

但就是这样一个清官,入仕为官33年,却有一半时间处于罢官状态。明代史家对他的评价竟是:尽忠如蝼蚁,尽孝似禽兽。

何以至此?概因情商不高。

海瑞在户部担任主事小官时,因不满嘉靖皇帝迷恋方术,为自己准备好棺材后,冒死上书《治安疏》,直言皇上无道,"天下之人不直陛下久矣",又讽刺说"嘉靖者,言家家皆净而无财用也",希望皇上幡然醒悟改邪归正。嘉靖大怒:这个人堪称比干,但朕不是商纣王。刑部主张判处海瑞绞刑,幸得徐阶所救,海瑞才捡回一条命,被罢官入狱。皇上病逝后,监狱长以酒菜款待即将出狱的海瑞,海瑞以为将被处决,安然享用,但得知是因为皇上驾崩自己才获释后,"即大恸,尽呕出所饮食,陨绝于地,终夜哭不绝声"。

救了海瑞一命的徐阶后来又提拔他到江南当官。海瑞上任后,发现徐阶家族在当地占田 24 万亩,民怨甚重,于是要求徐阶退田。徐阶退了一些,海瑞并不满意,弄得徐阶很是尴尬,最后只得退了一半的田地,两个儿子被判充军,亲弟弟被治罪。海瑞后来又遭弹劾,没有人再保他,只得被迫去职,在家赋闲十余年。再复官时,朝廷给的都不过是些虚衔了。

　　海瑞的家庭生活大致是这样的:海瑞由寡母带大,与母亲感情甚深,34岁还与母亲同睡一床,一生清贫的海瑞只在为母亲祝寿时才买了两斤肉,并因此轰动一方。海瑞一生娶有一妻三妾,但婆媳不和,妻妾相争,有两妾同日自缢,还导致海瑞被怀疑谋杀。海瑞又先后将剩余的一妻一妾休弃,逐出家门。海瑞育有一儿一女,儿子死得不明不白,女儿则是因为吃了别人送的饼被海瑞严责而绝食七日活活饿死。

魔力悄悄话

　　"世事纷繁,人心不一,官场复杂,尤为微妙。识见固要闳深,行事更需委婉,曲曲折折,迂回而进。当行则行,当止则止,万不可呈才使气,只求一时痛快。"这说的正是情商!

八、情商与成才

1. 自动自发：

一个情 EQ(情商)的孩子,懂得自动自发,自动做事、自动读书、自动做功课。因此,就算他们的 IQ(IntelligenceQuotient)智商不比别人高,但成绩也可以比别人好。在工作上,自发性地提升自己也是很重要的。举例而言,如果我们的心态是要和人竞争。我们会想:"我要努力,因为我要比小王好,为什么他在各个方面都比我好?"如此,你是在跟小王竞争,你在以他为目标,就算就能做到,最多是和他一样好,而不会比他好。反之,如果是自发性的,你想:"是,他不错,我要向他学习,我要看自己能做到什么地步。"反而,你会无限量地发挥,就算你不可以,你也不会对老王存在歧见,不会因此讨厌他;小王不会觉得你在跟他竞争,心态上完全不一样。也就是说,你的人际关系,也会有不一样的结果。

2. 眼光放远：

EQ 的提出者戈尔曼在书里举了一个很有趣的例子:研究者请来了一批小孩,把他们一个个带进房间,告诉他们:"这里有棉花糖,你们可以马上吃,但如果你们等我出去办完事,回来才吃,你们可以得到双份棉花糖。"他说完走了。有些孩子看他一走,便急不可待,拿起棉花糖,往口里塞;另一些孩子等了几分钟,便不再等,也把棉花糖吃了。剩下的孩子,决心等研究者回来。这项实验的结果是,那些有耐心等的孩子,长大后,比较能适应环境、比较讨人欢心。比较敢冒险、比较有信心、比较可靠;那些要满足眼前欲望的孩子,他们没有办法克制自己,他们的 EQ 比较低,长大后,各方面的成就,都比能克制自己的孩子低。

3. 自我认识:

很多时候,我们发现,身边的朋友和亲人,他们不善于表达自己的情感。和他出门,你说什么,他都说:"随你啊!"日子久了,你会觉得内疚:"我是不是剥夺了这个朋友的自由权? 我是不是有点亏待他,他什么都依我,只有我高兴/慢慢地,内疚感演变成厌恶感,你不再觉得和他在一起是有趣的事。事实证明,这种感情表达有障碍的人,对别人的感情也比较冷漠。原因是他没有能力了解自己的感情,又如何了解别人的感情呢? 这个例子告诉我们,提升自己的 EQ,也包括了学习坦然表露自己的情感。比如,你今天赶着回家,不能够答应同事的要求送他一程,就应该坦诚相告:"我有要事,没办法送你,很抱歉。通常,对方不会因此生气,反而,他和你做朋友,会觉得自在。

4. 人际技巧:

提升 EQ,包括搞好人际关系。要搞好人际关系,应培养所谓的同理心——感觉别人的感受。很多严而不慈的父母,都缺乏同理心。他们关心孩子有没有吃饭、冲凉、读书,他们会监督孩子,但孩子不会感受父母的关爱,只感受到家庭的压力。反之,严而慈的父母,通常会参与孩子的活动,不只问孩子到底读书了没有,也会用时间和孩子沟通、说话。只要你每个星期肯定有一段时间和孩子沟通,孩子在感情和情绪上发生问题时,他会想:"下星期,当我和爸爸妈妈一起时,我一定要告诉他们。"反之,如果你的孩子根本不知道你什么时候跟他在一起,他根本没有准备好要跟你提,即使你突然出现,他也不会告诉你。

此外,我们跟人说话,吵架,都是一种人际关系的交流。我们在跟人沟通时,没有办法控制别人怎么想、怎么感觉,没有办法预知别人的行为。但是,我们却可以控制自己的行为和情绪,用这种自制力影响和感染别人的行为和情绪。例如,当一个顾客生气地投诉公司的服务时,如果你忙着辩护,他会越讲越生气,但是,如果你表现出有同理心,让他知道你在听他说话,他生气是有道理的,他的口气将会逐渐放软的。

所以,我们要提升自己的 EQ,也应该培养同情心,进而学习控制自己的情绪,改变别人的情绪。

魔力悄悄话

自己丰富才能感知世界的丰富;自己好学才能感知世界的新奇;自己善良才能感知世界的美好;自己坦荡才能逍遥地生活在天地之间。我们可以控制自己的行为和情绪,用这种自制力影响和感染别人的行为和情绪。

第二章
改变命运的情商力

　　最考验一个人情商的，莫过于危机事件了。在突如其来的压力之下，首先要做的，就是处变不惊地管理好自己的情绪，这样才可能做到急中生智、沉着应对，避免可能的灾难，甚至变害为利，从中赢得机会。不然，惊慌必然失措，失措必然窘迫。

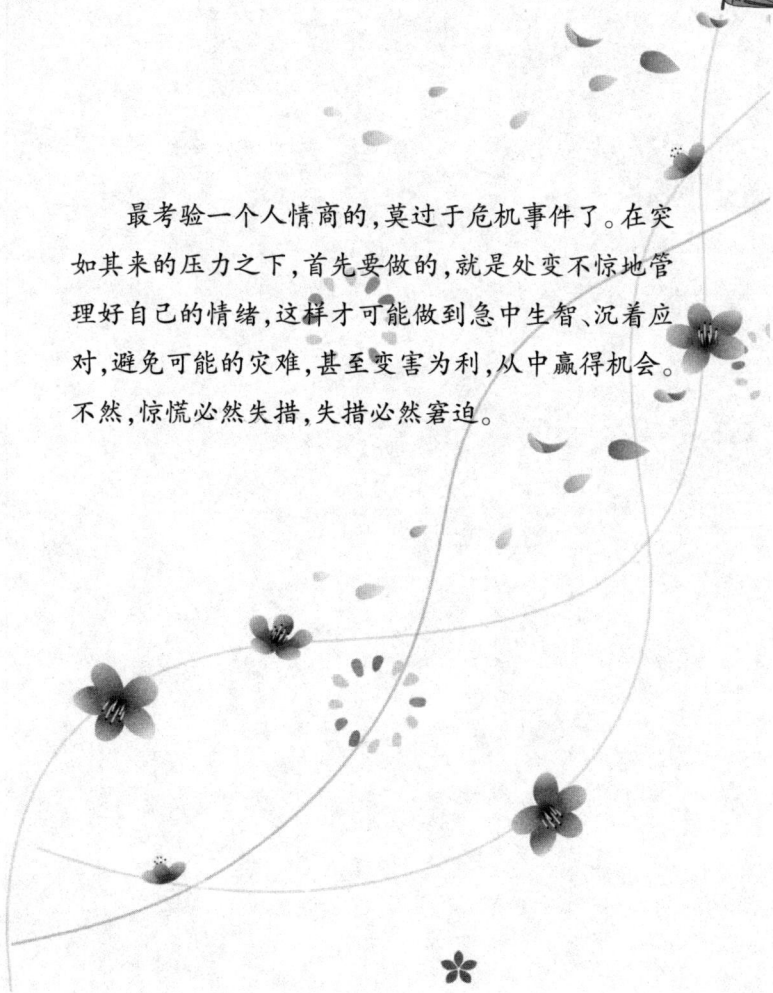

一、情商的 15 个指标

首创"情商"一词的鲁文·巴昂博士,通过近 20 年的研究,发明了世界上第一个专业情商测评量表 EQ - i,用 5 个维度 15 项指标对情商进行测评。确切地说,这 15 项指标是一个人的情商在工作生活中所显现出来的效果。

1. 自视
尊重自我、认可自身的同时,也能接受自己的不足。

2. 情感自察
能够识别、区分自己的不同感受,清楚知道事情的起因。

3. 坚定果断
表达自己的感受、观点和理念,并坚持自我。

4. 独立性
摆脱对他人的情感依附,能自我指导,并依靠自己做决断。

5. 自我实现
为最大限度地开发自己的天赋和能力而不断努力。

6. 同理心
感受并认同他人的情感和想法。

7. 乐群利他
为你所属的团队和社会作贡献,并且行为听从良知。

8. 人际关系
建立和维护令双方都满意的人际关系。

9. 抗压能力
主动、正面地应对不利事件和压力。

10. 冲动控制
抵制或推迟冲动。

11. 实际验证
客观地看待事物而不主观臆断,并能寻求客观证据来确认自己的感受、感觉和想法。

12. 灵活性

针对不断变化的环境做出调适。

13. 解决问题

理解情绪是如何影响决策的,并为掺杂了情绪的问题找到解决办法。

14. 乐观精神

遇事总往好处想,在逆境中仍能保持积极的心态。

15. 快乐心态

满足于现有生活,有乐趣,并享受与他人的相处。

情商测评可以有效地预测学业表现、工作绩效、职业成功、领导力和幸福感,其中情商与幸福感的关联度最高,相关系数高达 0.76——这意味着,情商每提高 1 个单位,幸福感会随之提高 0.76 个单位。

魔力悄悄话

两个人之间要找到一个共同感爱好的话题已经不轻易了,要找到三个人共同感爱好的话题就更难了。两个人交谈可以很自然,无须刻意。三个人交谈时,其中必有一人会游离在话题之外,此时其他两个人出于友好会需要把他揽进这个话题,刻意说他会感爱好的话。真诚无须刻意、无须矫饰,哪怕这种刻意具有善意。

二、情商高的表现

最考验一个人情商的，莫过于危机事件了。在突如其来的压力之下，首先要做的，就是处变不惊地管理好自己的情绪，这样才可能做到急中生智、沉着应对，避免可能的灾难，甚至变害为利，从中赢得机会。不然，惊慌必然失措，失措必然窘迫。

高晓松在不惑之年，就迎来了这样一场考试。身为一个不大不小的名人，正在忙于在选秀节目中当评委，担任导演的商业大片马上要进入宣传阶段，却因为醉酒驾车被抓个现行，然后被判拘役 6 个月。如果你是高晓松或者他的公关团队，你会怎么做，来应对这突如其来的变故？

2011 年 5 月 9 日晚，高晓松在北京发生交通事故，经检测，他血液里的酒精含量超出醉驾标准两倍多，当即被警方刑拘。据警方称，高晓松事后对警方说："我有违法行为，我愿意承担事故全部责任。"第二天上午，高晓松在询问室亲笔写下"对不起，永不酒驾"，并签上自己的名字，对赶来的记者也连说"对不起"。

5 月 17 日，北京市东城区法院开庭审判，高晓松被判处拘役 6 个月，并处罚金 4000 元，这是"醉驾入刑拘"实施后的首例满额拘役判决，做客央视直播节目的专家也表示量刑偏重。但高晓松对被控犯危险驾驶罪表示自愿认罪，并诚恳认错："我没有任何为自己辩护的想法，我有的全部都是忏悔……我的行为是自我膨胀的表现，我会吸取教训，我愿意以最大的程度赔偿这次事故造成的损失，我愿意做任何的义工工作，我希望我的事能警示所有喝酒的朋友，对我的家人以及社会致以我最诚挚的歉意。"自我陈述后，他当庭举起了一张写有"酒令智昏，以我为戒"的纸条。据高晓松的辩护律师说，他曾向高晓松提出作无罪辩护的可能，但遭到高晓松的拒绝。

没有以往名人用过的顶包手段，甚至没有辩解，没有推诿，高晓松用老老实实平息了名人犯法所引起的舆论风暴。

8 月 9 日，正在狱中服刑的高晓松，又通过手写回复的方式，接受了某周刊的书面采访,他坦言:"我既不是冤案,更不是烈士,甚至犯的罪都是低智商低技术的笨罪。"对于媒体好奇的狱中生活,他表示:"坐的牢也没啥特别,与万千囚徒一样乏善可陈,生活上没啥好说的,就当穿越回从前过一过父辈清贫清淡清净的日子。"

事实上,入狱后,高晓松首先开始看《大英百科全书》,把本以为要到退休后才有时间实现的愿望提前付诸行动,"记笔记已用光了一支笔芯,因为监狱里只允许用笔芯。"除此之外,还在好友建议下,着手翻译加西亚·马尔克斯的《我忧郁妓女的回忆》,并启动了诗集《纪传体》的创作,同时还开始修改另一个剧本。他的入狱打乱了这个电影的开拍计划,但高晓松说正好可以借机踏踏实实地改几稿。

高晓松同时也承认,入狱给自己带来了两大遗憾,一是错过了女儿半年的成长,二是不能参加自己导演的电影的首映,亲眼看到观众看电影的表情。大概是为了远程配合电影的宣传,高晓松在这次书面采访中,更是重墨描述了影片的创作理念和过程,也让读者从中看到一个孤傲才子的心灵探索和成长。

9月9日,高晓松的电影在全国首映,出席者众多,不乏王菲、章子怡等明星大腕,他们都表示特意来捧高晓松的场。据同去参加的杨澜观察:"来的人不少,有些未必是跟高晓松交往有多深,这份人情味儿还是挺温暖的。"

作为缺席整个影片宣传的导演,高晓松给首映式写了一封信,他在信的最后说,"感谢各位同仁、朋友,感谢你们无论是为了电影还是为了我今天来到这里。岁月长,衣衫薄,各位,来日方长。"

一场个人声誉的坍塌危机,一场对电影制片方的罕见灾难,就这样被高晓松轻松化解,转危为安了。不仅如此,他似乎还从这场牢狱之灾中,给自己的公众形象收获了几抹亮色。

魔力消悄话

老子说,"祸兮福之所倚",可祸并不能自动转换成福,当坏事发生,一个人能不能从中看到好消息并实现逆转,就要看他情商高不高了。

三、高智商低情商

高晓松出身高知家庭,自己也是清华才子。或许有人会因此认为,他这一次的聪明应多半得益于他的智商。但同样是高智商,为什么顺风顺水的詹妮却一路坎坷呢?

詹妮毕业于美国一所常春藤名校的商学院,拥有金融学博士学位。在毕业职时,她的母校为她出具了评价极高的推荐信,在一家久负盛名的投资公司的面试中,她给面试官留下的印象是:非常自信、能言善辩、绝顶聪明,于是她很快被录用。但之后不久,她在工作中惹上了一场公众瞩目的官司,并因此给公司造成了巨大的经济和名誉损失,最终被辞退。而在接下来的5年内,她的职场发展也是一路坎坷,不断换工作,但接连被解聘。

詹妮被这家投资公司雇用后不久,自愿参加了一项关于智商和情商的研究,并接受了相关测评,测评结果显示,詹妮的智商高达138分,这意味着她比世界上95.4%的人都聪明。这样一个绝顶聪明的名校高才生,为什么会在工作中屡屡碰壁呢? 这个问题在詹妮的情商测评结果中得到了解释:她的情商只得了96分,比世界上一半多的人还低——原来她是一个高智商低情商的跛子!

如果我们再进一步分析詹妮的情商测评结果,就不难发现她有几个明显的情商缺陷:

测评的测谎装置显示她很可能在作测评时过度粉饰了自己,而她在"自视"一项的超高得分(133)也印证了她是一个自我评价很高的人;但同时,她在"情感自察"能力上得分非常低(78),又表明她很可能对自己的情绪感受不甚了了。

另一方面,高度的"独立性"(128)和极低的"人际关系"能力(68),以及较强的"坚定果断"能力(118)和很低的"同理心"(74),显示出她有着不易与人相处、我行我素、不顾及他人感受的行为特征。

她在"实际验证"能力上的不足(84),更是雪上加霜,不仅影响到她对形势的正确判断,而且极有可能加剧了她的自以为是和一意孤行。

从这些结果上看,我们就不难想象詹妮在工作中会有什么样的表现,而这些不尽如人意的表现,无疑都是在为她的职场发展自设路障,使得她不同寻常的智商也无从发挥。

魔力悄悄话

未来的世界:方向比努力重要,能力比知识重要,健康比成绩重要,生活比文凭重要,情商比智商重要!一个人若能充分运用好自己的情商,就能成为生活的强者。

四、情商低的表现

蔡云为人善良,工作中又积极肯干。当初应聘面试时,领导对她的聪明伶俐印象深刻,在数百个应聘者中选中了她,并且很快提拔她成为业务骨干。在蔡云眼里,这位领导能力超强,但个性过于强势,常常叫人下不来台,在他手下工作,蔡云常常感到很有压力。

有一天,蔡云怀着愉悦的心情去参加一个教堂婚礼。她一大早就到了教堂,宾客还都没到,她正满心欢喜地享受这难得的安静,却突然收到领导的一个短信外加电话:今天开会! 蔡云的欢愉之情刹那间消失,但旋即回复了她自认为能打动领导的短信。

当婚礼进行曲响起时,蔡云有些激动,这是她第一次参加教堂婚礼,为此特地请了假。蔡云刚想拥抱新人并和他们照相,单位同事一通电话告诉她,会议照开无误,要她马上回单位准备。

蔡云只好无奈地回到单位,饭也来不及吃,一边根据指示准备会议材料,一边接听无数的业务电话。她努力不去想:为了工作,去年连一天假都没休,今天就请了一天假,还被叫了回来!

蔡云把会议材料准备好后,一位领导说不行,她重新修改后很自信地去开会,但是忘了会前发给参会人员。因为这个失误,蔡云发现厄运降临:从会议开始领导无时无刻不针对她,彻底否定一切不说,连带自己两年来的功劳也在顷刻间被全部否定。蔡云靠内心数数儿忍着,但当她沉默时,领导马上叫她回答问题;她一张嘴,又遭到噼里啪啦的驳斥。在蔡云听来,领导暴跳如雷的口气像是在对待一个街上要饭的,一点儿绅士风度都没有。她心想:你工作压力大,冲着我发,没有问题,但是一次、两次、三次,我也会爆发的! 蔡云找了个借口要去开家长会,从会议上脱身走了。

回到办公室,一想起当着众人面被领导不分青红皂白地批评,又没有一个人敢出面打圆场,蔡云不由得觉得心寒:平日对大家不薄啊,关键时刻怎能就看着一个女人挨骂? 蔡云泪水狂流,吓到了旁边的同事,她只好借口家中有事,夺门而逃。在出租车上,她又忍不住呜呜地哭起来⋯⋯

回到家,蔡云发现领导发来了短信,但她没有回复。她觉得,漠视是受到伤害后能采取的最大报复。第二天上班,与领导碰面,她原以为他会像个绅士一样,为自己的失礼道歉。但领导不但没有道歉,还又一次批评了蔡云:记住,在工作中要随时做到专业,动不动就哭天抹泪,像什么样子?!

这时,蔡云再也受不了了,回到座位上,打开电脑,给领导发了封邮件:是你长期以来的越级管理,大小统抓,才使我失去了积极性,产生惰性,才导致忘记了开会时间并恰好在这一天请假! 一年来,我一直试图通过沟通,来适应你这个强势的领导,但事实证明,与你沟通比登天还难⋯⋯我决定辞职! 发送邮件时,蔡云同时抄送给了公司上上下下的领导和同事。

蔡云在这个事件发生以前曾接受过情商测评,从一定程度上可以说,这个结果预测了她日后会有情绪大爆发的行为:同理心、乐群利他和灵活性明显是蔡云的情商优势;但同时,她的独立性很差,坚定果断也是她的短板,两方面加起来,使得她在人际互动中难免会委曲求全,顺人而失己。而抗压能力低,更是雪上加霜,使她在冲突中很容易积累委屈情绪,如果控制得不好的话,就难免一发不可收拾了。

魔力悄悄话

你能调动情绪,就能调动一切。一个人的抗压能力如果很低,那么她在冲突中很容易积累委屈情绪,如果控制得不好的话,就难免发生不可控制的情况。

五、要想成功，你需要良好的动机

　　动机与情绪词根一致，均源于拉丁文 motere，即行动之意。我们有了动力，就有了目标和实现目标的驱动力。动机让人情绪高涨。按照一位科学家的说法："自然想让我们做什么，就把什么变成乐趣。"

　　情绪设定值偏左的人往往更加乐观。不过戴维森发现，在行动受阻时，这种人也容易生气，然后变得沮丧和愤怒——这并不是坏事，因为这能够激发他们的能量，促使他们全神贯注克服困难，实现目标。

　　戴维森提出，与此相反的是，右前额区激发后起到"行为抑制器"的作用——在事情不顺利时使人容易放弃。这种人还是风险厌恶者，但他们不会灵活规避风险，而是过度警觉。他们积极性很低，通常更加焦虑和恐惧，并且对威胁异常警惕。

　　戴维森研究发现，只要一想到要实现有意义的目标，左脑就被激活了。除了单一的目标之外，左前额区的活动水平还与更宏大的东西存在关联，比如生活的目标感，也就是赋予人生意义的宏伟目标。

　　霍华德·加德纳写过一本叫作《好工作》的书，提到好工作的要素包括"卓越性"，即从事的工作能够发挥自己最出色的才能，还包括"参与度"，即热爱工作，对工作充满热情和活力，以及"道德感"，即工作与你的目标、价值观和生活的追求相一致。尽管目前还没有人从事相关研究，但我敢肯定，如果对从事"好工作"的人的大脑进行研究，我们会发现他们左前额区的活动水平比较高。

　　心理学家戴维·麦克莱兰，是研究动机的知名理论家。麦克莱兰提出人有三种主要的动机因素（还有其他动机模型列出了十几种动机因素）。我认为每种动机激发左前额皮层的路径是不一样的，而且大脑的奖赏中枢会增强人的驱动力和韧性，并使人感到愉悦。

　　第一种动机是权力需要，即对他人施加影响的欲望。麦克莱兰对两种权力进行了区分。一种是以自我为中心的自私型权力，不在乎对他人影响的好坏,比如纳粹分子表现出来的权力欲;另一种是社会福利型权力,这种人因为从正面影响他人、增加社会整体福利而感到愉悦。

第二种动机是亲和需要,即与他人相处获得愉悦感的需要。比如,亲和动机很强的人仅仅和自己喜欢的人一起做事,所产生的愉悦就能激励他们。大家一起为共同目标努力,所有成员实现目标时的良好感受能使亲和动机的人获得力量。容易合群的人可能是受到了亲和动机的影响。

第三种动机是成就需要,即实现有意义的目标。成就需要很强的人喜欢记分,喜欢获得别人对自己工作成果的评价,比如冲击季度目标或者在慈善活动中募集几百万美元。成就动机强的人总是精益求精,是永远不会倦怠的学习者。不管他们现在做得多好,他们永远不会满足现状,总是想做得更好。

成就动机的一个负面影响是,有些人因此变成了工作狂,只想着工作目标,生活因此失色不少。这一点在只会死读书的书呆子身上特别明显,他们为了高分牺牲了人生其他乐趣。那些成功的公司高管也是如此,他们每天工作 18 个小时,每周工作 7 天。总之追求完美主义的人都存在这种问题。健康的成就动机在于,志存高远但不好高骛远。标准定得过高,就不会满意自己的成就,整天因为各种瑕疵闷闷不乐。这说明成就动机超出了应有范围。

完美主义者对于自己的表现,只看到原本可以做得更好的地方,而看不到已经做得很好的地方。与其他人相比,他们的表现已经达到超水准的110%了,但他们还想达到112%或者115%。这种过分追求完美的风气往往受到当今学校和公司的极大鼓励,但对于学生和工作者来说,生活质量必然因此下降。比如,人际

关系很糟糕,从来不会放下工作享受喜欢的东西,或者付出健康代价,染上慢性应激性疾病。

如何帮助陷入这种困境的人?我认为首先要让他们明白过分追求成功的负面影响,其次指出他们无须总是做到110%,有时候做到80%或90%已经算不错了,他们还需要享受生活。

麦克莱兰发现,可以用一个简单的投环游戏测试人们的成就动机水平。游戏首先要选定投掷的距离,即人与桩子的距离,有 3 英尺、6 英尺、9 英尺或12 英尺,然后游戏者把塑料圈抛向并套住桩子,距离越远,分数越高。成就动机很强的人善于估算自己能够投掷并命中的最远距离,他们并非盲目冒

险。在别人看来,他们也许正在冒险,但由于研究充分,掌握了数据或者已掌握相关知识,这些都能帮助他们实现目标。

麦克莱兰发现,这种特质在极其成功的企业家身上表现得非常明显。

几年前,我参加过一个商业论坛,与年轻的技术人员进行研讨,他们每个人都领导着一家刚起步的创业型公司。其中有家公司叫作"离鳍鱼",专门购买当时刚刚兴起的互联网的互动广告空间。当时大家都因"离鳍鱼"的发展感到鼓舞——那时正是互联网泡沫刚刚开始的 20 世纪 90 年代,这家新兴公司的市值增长非常迅速。尽管"离鳍鱼"的市值很大,但互联网泡沫破灭后也随之消失殆尽了。从那以后,这家公司被转卖了好几次。

不过我对商业论坛上另外一位年轻的科技创业者更感兴趣,当时他的新公司发展势头没有"离鳍鱼"那么强劲。我和他交谈发现,他属于麦克莱兰所描述的高成就动机企业家的典型:他似乎很喜欢持续学习、不断改进,而且读大学时已经掌握了很深奥的超高阶算法数学,极少人能明白这门课程,但它在互联网发展中具有强大的应用前景。他公司的核心技术是一种应用软件,当时还未通过测试,而且搭建方法几乎不为人知。别人都认为风险很大,但他对成功很有信心,事前准备得很充分。尽管当时他公司的名气很小,而我正好记住是因为公司的名字很好玩。这家公司叫作"Google",那位年轻人叫作"谢尔盖·布林"。

魔力悄悄话

动机是乐趣所在,但实现目标的过程通常困难重重。在追逐目标过程中如果遇到挫折和障碍,动机驱使我们勇往直前。情绪设定值偏左的人往往更加乐观,因为这能够激发他们的能量,促使他们全神贯注克服困难,实现目标。

六、华人首富的情商推手

　　随家人逃难到香港的李嘉诚,在父亲病逝后,开始在舅父开的钟表公司当泡茶扫地的小学徒。16岁的少年李嘉诚每天总是第一个到最后一个离开,他学到的第一个功夫就是察言观色,见机行事——这个功夫练就的是同理心,这使他在日后做推销员的时候,总是能凭着直觉看出客户是什么样类型的人,并能马上了解客户的心理和性格,从而确定相应的推销策略。

　　李嘉诚曾在五金厂推销铁桶。有一次,他和同事都想把一家正准备开张的旅馆发展成客户。同事抢先找到旅馆老板,却无功而返,因为老板有意与另一家五金厂交易。李嘉诚迎难而上,但他并不急于见老板,而是与旅馆的一个职员交上朋友,随后得知:老板很疼爱他的儿子,但却为抽不出时间陪儿子去看赛马而感到内疚。于是,李嘉诚自掏腰包带老板的儿子去看赛马。此举令老板十分感动,随后爽快地同意从李嘉诚手中买下380个铁桶。

　　就这样,李嘉诚只花了一年时间,业绩便超越其他同事,成为全厂营业额最高的推销员。他当时的销售成绩是第二名的7倍。

　　多年后,李嘉诚谈到他对"打工"的理解时说:"对自己的分内工作,我绝对全情投入,从不把它视为赚钱糊口的手段,向老板交差了事,而是当作是自己的事业。"——这份投入,给了他持久的自我激励,自然得到了老板的赏识,18岁便被擢升为部门经理。一年后,他当上了销售公司总经理。

　　22岁那年,无论老板如何赏识和挽留,已经感受到塑胶制品业蒸蒸日上的李嘉诚,执意要另立门户,进入新兴的塑胶行业。他动用自己多年的积蓄,并向亲友筹借5万港元租了一间厂房,创办了长江塑胶厂,毅然走上了创业之路。这样说干就干的行动力,体现了他的独立性和坚定果断。

　　独立创业后不久,初尝几次成功甜头的李嘉诚,也不可避免地遇到了创业的坎坷。他的塑胶厂一度濒临破产,用了5年时间才慢慢有所好转。但不管如何艰难,李嘉诚拼尽全力,始终没有放弃——这份坚持,正是源自他超强的抗压能力。

咬牙坚持终于为李嘉诚赢得了转机。1957年,精明的李嘉诚亲赴意大利学习塑胶花制造技术,千方百计搜集相关的技术资料。又购置了大量塑胶花样本带回香港,不惜重金聘请专业人才进行研究,同时通过市场调查,确定了进行大规模生产的塑胶花品种。这是李嘉诚成为香港塑胶花大王的开端,从塑胶花中,李嘉诚掘到了第一桶金。

作为商业奇才,李嘉诚最为人称道的本领是足智多谋。实际上,他所有的决策都是基于对资料的广泛占有和全面分析,而不是轻易冒险,或者随便碰运气。这种按现实情况做出合理反应的决策能力,就是实际验证。

这种审时度势的情商优势,在李嘉诚随后的创富道路上,更是发挥了关键性作用。

李嘉诚的成功,很大程度还得益于他娶了贤妻庄月明。"长江实业"于1972年上市,成为李嘉诚事业上的重大转折点。此时,公司的核心决策层中,就有身为执行董事的庄月明。无疑,这位毕业于香港大学又曾留学日本的才女,在丈夫的事业中,倾注了她的智慧和心血。

李嘉诚与庄月明虽然是两小无猜的表兄妹,但表妹出身富贵,受过高等教育,才貌双全;表哥出身寒微,只读过初中,到了谈婚论嫁的年龄还事业未成。能在门不当户不对、双方家长反对的情况下坚守爱情,并通过创造商业成就证明自己,以至打动岳父,35岁时与表妹终成眷属,不能不叹服穷表哥的矢志不渝——这样的自信和勇气,没有一个良好的自视作基础,是绝对不可能有的。

李嘉诚的创富史,可以说是情商的活教材。它告诉我们:情商不是万能的,但要成功,没有情商却是万万不能的。

魔力悄悄话

作为商业奇才,李嘉诚最为人称道的本领是足智多谋。实际上,他所有的决策都是基于对资料的广泛占有和全面分析,而不是轻易冒险,或者随便碰运气。这种审时度势的情商优势,在李嘉诚随后的创富道路上,更是发挥了关键性作用。

第三章
难以掌控的情绪

　　情绪是由生理唤起、认知解释、主观感觉和行为表达这四部分组成的过程。生理唤起是指情绪产生的生理反应,不同情绪的生理反应模式是不一样的,如满意时心跳节律正常,恐惧或愤怒时心跳加速,血压升高,呼吸频率增加甚至出现间歇或停顿;认知解释就是对时间和感觉的解释;主观感觉是个体对不同情绪的自我感受;情绪的外部表现通常称为表情,包括面部表情、姿态表情和语调表情。合理掌控情绪,提高情商力。

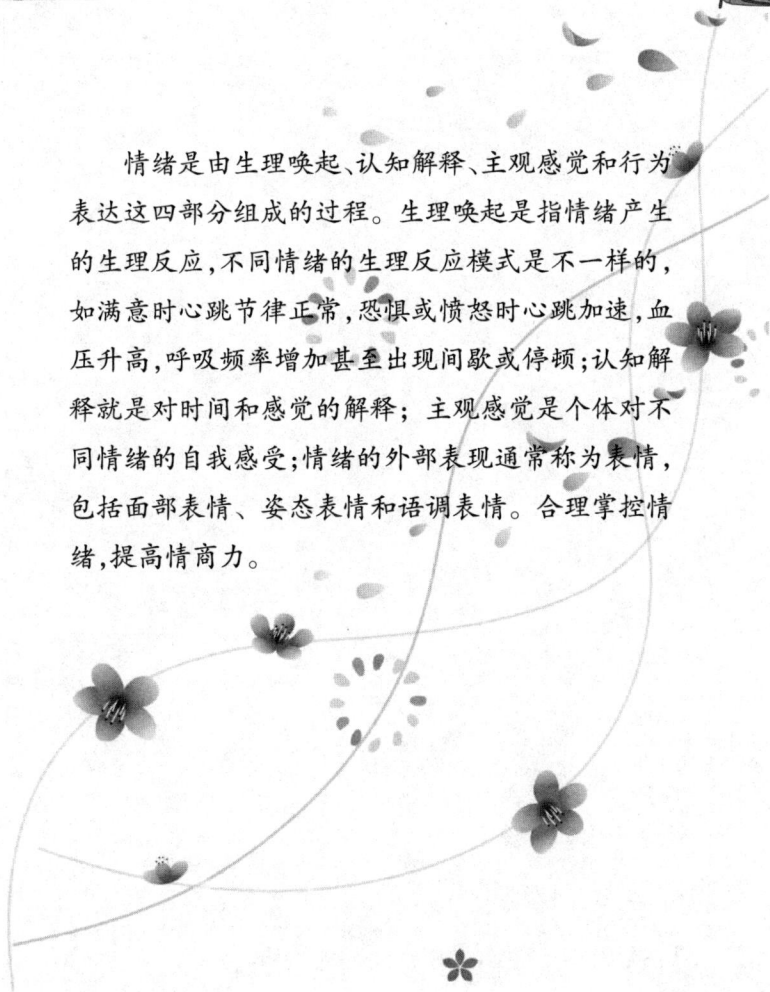

一、人之七情

情绪,是人的一种心理和生理唤起状态。对于它的认识,中国文化有七情之说,按儒家的说法,是"喜、怒、哀、惧、爱、恶、欲",它们与生俱来,"弗学而能";按中医的说法,则是"喜、怒、忧、思、悲、恐、惊",与人的五脏六腑五运六气相关联。

相较于七情的笼统说法,西方心理学则对情绪进行了具体而微的研究。其中美国的普鲁特奇科博士是这一领域的翘楚。通过对情绪的毕生研究,他将所有物种共有的情绪归纳为"八情",并认为人类所有的其他情绪都是由这8种基本情绪复合、混合或叠加而衍生出来的。

1980年,普鲁特奇科博士总结出一个情绪轮模型,8类基本情绪:喜悦、信任、害怕、惊讶、难过、厌恶、生气和盼望,各自对应着一种颜色,每一类情绪内的颜色深浅则代表了该类情绪的不同强度;对立的两种情绪被安排在了相对的位置上,相邻的情绪则结合成为更高级的情绪。比如,爱是喜悦和信任的组合。其他没有显示的一些情绪,也是由情绪轮上这些基本情绪组合而成的,诸如难过和生气的结合,生出了嫉妒。

这个情绪轮模型为情绪扫盲提供了一个直观实用的工具,我们可以用它对自己以及他人的感受进行分型辨证。事实上,对这些情绪能够感知和辨识,是情商的前提,也正是情商开发的起点。

保罗·艾克曼博士则是研究情绪和面部表情的学术权威,热播美剧《别对我撒谎》就是借用了他的研究成果。他认为,情绪有这样5个特点决定了它有别于其他心理状态:

1. 不同于思绪,情绪都有一个信号,它告诉我们内心在发生着什么;

2. 情绪可以在不到1/4秒的短时间内被自动激发,且不为人察觉;

3. 我们通常缺乏对情绪的觉察,必须通过训练来调动意识;

4. 情绪并非人类所独有;

5. 情绪常伴有一系列的生理反应。

与短暂的、表现强烈的、常伴有生理反应的情绪相比,情感则是一种相对长期的心理状态,但两者你中有我、我中有你,不能绝对分开。情商要管理的,不只是一时的情绪,也包括更持久的情感。

魔力悄悄话

人们通过对情绪的研究,将所有物种共有的情绪归纳为"八情",并认为人类所有的其他情绪都是由这 8 种基本情绪复合、混合或叠加而衍生出来的。

二、人为何会有情绪

心理学在近年的最伟大发现之一,就是搞清楚了情绪的产生机制:我们的大脑中存在着两条不同的情感/情绪唤起通路,它们分别为两套不同的心理反应系统服务。而这,也正是情商的生理解剖基础。

其中一条通路是这样的:耳鼻眼等感官系统接收到外部信息后,会把它传递到丘脑,丘脑就像一个总控室,负责信息的分发转运。通常情况下,丘脑会将大部分信息传送到脑皮质,由这个思考中枢认知外部事物的内容和意义,并处理成我们对事物的看法,然后再将看法传送给边缘组织。在这个情感中枢中有两个叫"杏仁核"的组织,它们会为脑皮质的看法附加上适当的情绪反应,最后通告给脑部的其他区域以及全身来采取相应的行动。

在这个心理反应过程中,思维和情感共同参与了决策,是我们大脑的一个运作常态。

2010 年国内出了一个令人震惊的"药家鑫案",就仿佛实景演示了低情商导致的恶果:药家鑫是西安音乐学院的学生,却在驾车撞人后,因害怕受害者记下自己的车牌号而纠缠自己,又拿刀在伤者身上刺了 8 刀致其死亡。

在案件的审理过程中,药家鑫的辩护律师提出,他是"一念之差",属于"激情杀人"。但是,从上述的心理反应过程中,我们就能看出,这个辩护自相矛盾。根据法律规定,所谓激情杀人,是指"本无任何杀人故意,但在被害人的刺激、挑逗下而失去理智,失控而将他人杀死"。也就是说,如果药家鑫确属激情杀人的话,他当时应该是没有思考能力的。

但据药家鑫自己交代,他当时的心理活动却是这样的:"当时心里特别害怕,怕她以后无休止地来找我……捅死了就不会看到我了……一念之差,我对不起张妙……"

正是这一念,暴露了药家鑫的举刀杀人是主观故意的,是经过思考后采取的行为。只是,这一念是扭曲的,导致了一个低级决策,正如被害人丈夫的当庭质问:"农民就难缠吗?额头上写着我是农民,你就把她撞瘫了?"

可见，药家鑫不是激情杀人，而是杏仁核杀人！公诉人说："在他扭曲的人生观和价值观中，交通事故带来的必定是无穷无尽的麻烦，而结束他人生命是解决麻烦的唯一方法。"显然，药家鑫的情感数据库里缺失了对生命的敬畏和正确的价值判断，自然也没办法有效应对突发事故所带来的害怕情绪。

就这样，一次低情商的应对，夺去了两个年轻的生命，毁掉了两个家庭的生活。

相比之下，大脑的另一条通路则支持了一个更快的心理反应系统：作为情绪总管的"杏仁核"，就像一个情感数据库，储存着一个人过往的情感体验，特别是愤怒和抑郁这样的消极情绪。它担任着大脑的情绪前哨，当接受外来的信息后，会对之进行盘查，从数据库中检索任何与之为敌的证据，一旦证据成立，就如同触动了恐惧的警铃，它就会立即点燃神经引信，发动全身总动员。

美国纽约大学的莱杜克斯博士近年发现，在杏仁核与丘脑之间，居然存在着一个神经元，这条捷径，使得丘脑接收到的外部信息可以直接传输到杏仁核。这意味着，即使缺乏思维的参与，杏仁核也可以先斩后奏，在潜意识层面对信息做出快速的筛选和情绪反应。

这种大脑被情绪劫持的情形，也就是我们通常说的"不过脑子"。由于这个快速心理反应系统似乎对某些刺激具有固定的敏感性，而且还会从诸如"被蛇咬"的经历中学习和记忆"怕井绳"的情绪反应，所以，如果我们的杏仁核里没有储存足够有效的情感经验，一旦大脑进入"感情用事"的心理反应模式，我们就难免会做出一时冲动而后追悔莫及的愚蠢举动。

魔力悄悄话

情绪是进行有效决策的重要因素。只有智商情商都高，才能使决策和行为达到最优化，而低情商只会制约高智商的充分发挥。

三、存在即合理

在几百万年的进化中，人类的大脑是自上而下、由低级神经中枢到高级中枢这样发育的。最原始的部分是脑干，是爬行动物都具有的，它负责主导生命的基本功能；继而是情绪脑，它具有学习和记忆的功能，是哺乳动物都具有的；最后在情绪脑上又进化出思考脑，相比其他物种，灵长类动物的思考脑要发达得多，而其中人类的思考脑是最复杂、最高级的。

尽管思考脑是比情绪脑更高级的神经中枢，但也并未全部接管情绪脑。相反，它从情绪脑中来，又扩展了情绪脑的功能范围，反而使人类的情绪更加复杂。

如果从达尔文进化论的角度看，情绪脑之所以存在，是因为它至少还有些用处，否则就不会在物种进化过程中被保留下来。比如，"情绪劫持"的心理反应系统，其实还是个安全装置，它能帮助我们对重要的情境快速做出反应，比如，恐惧的情绪会促使我们逃离危险。

2011年7月，杭州一名女士奋不顾身地用双手接住一个从10楼坠落的女童，保住了一条生命。这位"最美妈妈"说，她这么做只是出于一个母亲的本能。很显然，如果她经过三思后，认识到徒手接高空坠物，会令自己骨折甚至丧命，恐怕就不会有这般被母爱"劫持"的冲动了。这个义举很美，其实却与道德关系不大。

同时，情绪本身也是信息，例如：快乐意味着得到了有价值的东西，悲伤意味着失去了有价值的东西，吃惊意味着有某种事情发生，愤怒意味着被阻止得到某种东西，害怕意味着可能的威胁，厌恶意味着违犯规矩。读懂这些信息，一方面可以帮助我们了解自己的需要，另一方面还可以向他人传达我们的意图，帮助我们社交。

龚琳娜是正经的学院派，5岁登台，7岁巡演，还曾获得青年歌手大奖赛银奖。顶着文化和旅游部授予的"民歌状元"称号从中国音乐学院毕业，之后她成为一个"晚会歌手"，忙碌地穿梭在形形色色的舞台上，"坐着飞机去不同的城市,跟我喜欢的、想要成为的宋祖英一起演出。"

这样光鲜的经历,足以羡煞旁人。然而,龚琳娜却发觉自己并不快乐,因为那些歌不是她想要唱的,很多时候是别人规定的。而且,为了保证声音完美、表情漂亮的演出效果,做晚会歌手很多时候还要假唱。"我觉得自己特别像个木偶,就是不需要自己,只需要有个漂亮的脸蛋,很乖很听话很甜美的声音就够了。但那不是我想要的。"

从茫然的情绪中,龚琳娜意识到自己内心深处的需要没有得到满足:"唱歌就不是自己,应该是那个歌里的灵魂,应该是真的特别开心,即便是唱痛苦的歌,也是心灵的表达……"

图新求变的龚琳娜终于等来了"神曲"——《忐忑》,这首歌一问世便风靡大江南北。龚琳娜不仅走红,而且台上台下的精神状态都与从前判若两人。

魔力悄悄话

一个人只有及时察觉和准确理解自己的情绪,也就是具备"情感自察"的情商能力,才会有明智之举,才可能达到"知人者明,自知者智"的境界。

四、没有坏情绪

丘吉尔出了名的脾气急躁、情绪易怒，这使他在"二战"前的政治生涯中屡遭挫折。但在战时，他不甘屈服的叛逆性格却正当其用。

"二战"开始时，担任英国首相的是温和理智、情绪稳定的张伯伦。受传统欧洲政治体系教育的张伯伦，认为自己作为英国领导人的责任就是维持欧洲的和平。而且，他相信希特勒作为领袖必然会像自己一样讲道理，所以，他认为对待纳粹德国最好的方法，是用善意尽量满足他们的愿望。

易怒的丘吉尔却意识到了希特勒在想什么，这使他超越了张伯伦的理智。签署完《慕尼黑协定》的张伯伦在机场宣称"这是历史上第二次英国首相从德国带回保持尊严的和平，我相信这就是我们一个时代的和平"，但丘吉尔清醒地提出警告："别以为这事就这样结束了。这笔账才刚开始计算。这只是一杯苦水刚尝了第一口。"

英国最终向德国宣战后，临危受命的丘吉尔在演说中坚毅地说："我们的方针是什么？是以上帝赐予我们的全部精力，竭尽全力在海陆空作战，进行一场反对凶残暴政的战争。我们的目标是什么？我可以用一个词来回答：胜利——是不惜任何代价赢得的胜利。"

通常，发怒都被认为是不良情绪，但丘吉尔的"坏"脾气，却给了他直面邪恶的勇气和决战到底的决心，也激励了英国人民反法西斯的斗志。

魔力悄悄话

情绪无好坏，有效最关键。通常，发怒都被认为是不良情绪，但有时它却给了他直面邪恶的勇气和决战到底的决心，能有效激励起人们的斗志。

五、掌控冲动的"心魔"

《黄帝内经》中说,人有七情六欲,喜伤心,怒伤肝,忧伤肺,思伤脾,恐伤肾。可见,情绪反应是人们正常行为的一方面,但用情过度却会伤害身体。很少有人生来就能控制情绪,但日常生活中,人们应该学着去适应。

菲菲住的楼层隔音效果特别不好,楼上的小孩子走路就是跑的,总是有"咚咚咚"的声音传下来,这让菲菲很难忍受,总是有要打那小孩一顿的冲动。她当然不能去打孩子,所以,一直就这么忍着冲动。当然,这使她生活得很闹心。有一天,无意中和那个小孩碰了个对面,菲菲下楼小孩上楼,当菲菲听到小孩奶声奶气地跟她打招呼,说"阿姨好",然后看到孩子无邪的眼神时,菲菲的心就那样莫名其妙地被触动了。从此,她再也没有要打那个孩子的冲动了。不过说来也怪,有了这次经历后,菲菲就不怎么听得见小孩的吵闹声了。有时即便听到了,菲菲也会觉得是小孩子在搞怪,蛮可爱的。这使得菲菲的日子过得很顺心。

菲菲之所以会有这么大的变化,肯定是和心理有关。冲动情绪是心理烦躁、生气的外在表现,讨厌一个东西或人时,你的情绪就会无限地把讨厌放大。而心中对其产生好感时,原本的讨厌也会一扫而空,情绪也会因此而改变许多。

生活中我们总会因为一些事情而陷入烦恼之中。烦恼虽然只是一种情绪,但却具有极大的破坏力。人在烦恼时,很容易冲动。在心理学上,冲动是指一种爆发强烈而短暂的情感状态。人一旦冲动起来,意志力就会变得很薄弱,判断力、理解力都会因此而降低,理智和自制力也容易丧失。

心理学家发现,缺少自信的男人比较容易产生冲动情绪,这种冲动实际上是他们一种错误的自我保护。如果一个男人不能自我肯定,对自身的价值不认同,他就会觉得自己是被别人瞧不起的,是受威胁的,这种心理常态的表现是怯懦、退缩。但是,遇到偶然的触发事件,却很容易引发出失控的冲动情绪,比如野蛮、愤怒,当事人在非理智状态下,能感受到反抗的快感,实际上是潜在的一种心理补偿。

人们常说，"冲动是魔鬼"。日常生活中，冲动会摧毁一个人的情感、意志、品性，许多人都会在情绪冲动时做出令自己后悔不已的事情来。因此，学会有效管理和调控自己的冲动情绪，是一个人走向成功的前提。那么，怎样控制自己的冲动呢？

1. 先冷静下来

当某一事件触发了你强烈的情绪反应，在表达出情绪之前，先为自己的情绪降降温，比如在心里对自己说："我三分钟后再发怒。"然后在心中默默地数数。不要小看这三分钟，它在很大程度上可以帮助你恢复理智，避免冲动行为的发生。

我们要学会冷静对待，远离冲动。学会在冲动将要爆发的时候，将自己抽离出来，镇静片刻，事情会变得缓和很多。

2. 对事件进行重新认知

有时候人的冲动是由于对事件的认知不正确所造成的。错误的认知导致错误的情绪，错误的情绪导致错误的行为。人是很情绪化的动物，当人情绪好的时候，人的思维就活跃、行动就积极、对人也友好，因此，做事和学习都容易成功与快乐。而情绪不好，就很容易冲动，做出过激的行为。

比如一个人丢了钱，当他认为自己是委屈的，是受害者时，他便会一看谁都像是做贼的，而且越发地讨厌他原来就不太喜欢的人，并且越来越怀疑是对方偷了自己的钱，导致自己陷入了愤怒之中。当他再次看到那个被他怀疑的对象时，他很有可能因为一时的冲动，而和那人大打出手；而当他认识到自己不应该因为丢钱而破坏自己的情绪，更不应该为这件事而胡乱猜测别人时，他便对丢钱事件有了正确的认知，他的情绪也会因此好转，再看原来怀疑的对象，也觉得是自己原来多虑了。

3. 饮食调理情绪

爱睡懒觉和爱吃垃圾食物的人容易出现暴力倾向。而多吃富含 ω－3 脂肪酸的鱼肉能令人减少冲动、保持冷静。富含 ω－3 脂肪酸的食物有深海鱼类，如鲑鱼、鲭鱼、鱿鱼、大比目鱼、沙丁鱼；植物有亚麻子、坚果等。

4. 运动制怒

运动是有效解决愤怒的方法，尤其是多参加户外活动，主动做一些消耗体力的运动，如登山、游泳、武术或拳击等，使不快得以宣泄。所以，当你感觉自己的情绪无法控制时，可以选择做一些运动，让冲动的情绪随着汗水一起流淌掉。

从众效应是指人们自觉不自觉地以多数人的意见为准则,作出判断,形成印象的心理变化过程。

魔力悄悄话

通常,群体的意见、行为总是或多或少地表现出对个体意见、行为的约束,这种约束力量就是群体压力,它的大小与群体的数量成正比。这是一种追随别人行为的常见心理效应。

六、走出低落情绪的陷阱

俗话说:"笑一笑,十年少;愁一愁,白了头。"这说明,人的心境、情绪对身体的影响是很大的。轻松、愉快、兴奋等积极的情绪能增强大脑的功能状态,增强人的免疫功能,另外还可以缩短人际间的心理距离,有助于建立良好的人际关系。而紧张、愤怒、沮丧等消极情绪会降低大脑功能,使人的活动效率下降。同时,还易引起内分泌失调,也不利于人际关系。

小雪最近不知为什么总是打不起精神,工作效率明显下降,还经常为一些小事哭泣。睡眠也不好了,晚上睡不着,早晨很早就醒了。白天常感到疲惫,精力不足,对什么都不感兴趣,包括以前喜欢的事也不愿做了。回到家里也不愿和家人说话,做事总是犹犹豫豫,下不了决心。这一切,都让小雪心里总有说不出的恐慌和畏惧,所以,情绪一直提不上去。

其实,人都有情绪低落的时候,当人处于低潮时,对任何事情都提不起兴趣,总是想着那些伤心的事情。所以,要想摆脱这种情绪,首先应该让自己不要总是去想这些问题,转移注意力。然后,确定几件你认为一生中最有价值的事情,专心去做。

人情绪低落有时是因为一些不能改变的现实。对于某种不能改变的事实,那就全心地接受它。既然已经成为事实,就不要总想着如何再让它变为虚无,应该尝试去接受,去面对现实。一个人不可能改变全世界,事物不会因你而改变。我们所能做的,就是适应这个世界。所谓"物竞天择""适者生存",就是这个意思。想让自己开心,首先就要让自己不那么极端,不去钻牛角尖。

在你跌入人生低谷、心情低落的时候,总会有人真心地对你说:要坚强,而且要快乐。坚强是绝对需要的,但是快乐,恐怕太为难了。毕竟,谁能在跌得头破血流的时候还觉得高兴? 但是,你至少应该做到内心平静。内心的平静,能够让你的情绪稳定下来,这样你才能够理智地看待这件事,最后把该处理的事处理好,从而走出低落情绪。

　　人生是一条有无限多岔口的长路,不管你有什么样的心理,你永远都在不停地做选择。如果只是选择吃素炒面还是肉炒面,那么,你心里也不会有太大的抗争,不会过分的激动,或者伤心。但是,人生有很多的选择,对于我们来说,都是非常重要的,比如选择读什么专业、做什么工作、结婚或不结婚、要不要孩子等等,每一个选择都影响深远,而不同的选择也必定造就完全不一样的人生。

　　作出了选择,就不要轻易后悔。因为人生没有重来的机会。不要说,如果当初如何,现在就不会这样那样。这种充满怅然的喃喃自语,并不能让你的心情有什么实质上的好转,只能让你更加怅然。每一个岔口的选择其实没有真正的好与坏,只要你去积极地看待。

　　人生不如意事十之八九,这是我们无法避免的。要知道,你现在所承受的苦难,不是毫无意义的。痛苦可以让人颓废,也可以激发人的斗志,关键是看你做出怎样的选择。

　　如果你会因情绪低落而导致抑郁,那么,你应该检查一下你的人生目标和价值,检查一下你是怎样消磨时间的。反复出现低落情绪的一个重要原因是你实际做的事情同你真正看重的事情不相称。这种不相称本身并没有明确表现出来,都表现为笼统的抑郁情绪,心情压抑的人是怎么也高兴不起来的。

　　有的人因思虑过多,而把自己的人生复杂化。明明是活在现在,却总是对过去念念不忘,对未来忧心忡忡。他们坚持携带着过去、未来与现在同行,人生也总是拖泥带水。这样的人生也不可能轻松、积极和快乐。从心理学角度看,痛苦就是欲望受到了打击,之所以会产生心理疾病就是因为把自己的精力投错了地方,只有解放心灵才会变得轻松快乐。一个人想要掌控自己的情绪,就不要自设陷阱,不要画地为牢,不要作茧自缚,而要从自我心中走出情绪陷阱,走向自我发现。

　　传说古希腊塞浦路斯岛有一位年轻的王子,名叫彼格马利翁,他酷爱艺术,通过自己的努力,终于雕塑了一尊女神像。对于自己的得意之作,他爱不释手,整天含情脉脉地注视着他。天长日久,女神终于奇迹般地复活了,并乐意做他的妻子。这种现象称之为彼格马利翁效应。

　　心理学家罗森塔尔及其同事,要求教师们对他们所教的小学生进行智力测验。他们告诉教师们说,班上有些学生属于大器晚成者,并把这些学生的名字念给老师听。罗森塔尔认为,这些学生的学习成绩可望得到改善。

自从罗森塔尔宣布大器晚成者的名单之后,罗森塔尔就再也没有和这些学生接触过,老师们也再没有提起过这件事。事实上所有大器晚成者的名单,是从一个班级的学生中随机挑选出来的,他们与班上其他学生没有显著不同。可是当学期末,再次对这些学生进行智力测验时,他们的成绩显著优于第一次测得的结果。这种现象为罗森塔尔效应。

魔力悄悄话

以上两个故事都告诉人们:期待是一种力量,这种期待的力量引发的现象统称为期望效应。

第四章
情商影响情绪

　　有人做过这样一个试验：当人做出一个微笑的面容，那么心情就立即会感到增加了几分愉悦。心理学的研究表明，不但情绪可以影响人的行为，而且反过来也可以影响人的情绪。人不仅可以在心理上控制自己的情绪，而且现代生理学的研究表明，人对自己的血压、心跳等等都可以进行控制。

一、自己的情绪

中国俗话说,人生不如意十有八九。一个姑娘面色憔悴精神委顿,给她扎针灸的大夫说,一针下去感觉像扎在冰碴子上似的,"这得是积了多长时间的郁闷啊!"我问姑娘何以至此,她说:"让男朋友给气的呗。"大夫说:"那你这气性也忒大了!"

南非黑人领袖曼德拉,就知道如何趋利避害。他被关在狱中时,受尽虐待,但当他就任总统时,却邀请了3位曾经虐待过他的看守到场,他说:"当我走出囚室、迈过通往自由的监狱大门时,我已经清楚,自己若不能把悲痛和怨恨留在身后,那么我就永远还在狱中。"一语道出了我的情绪我做主的真谛。

魔力悄悄话

如果情绪是匹野马,勒它的缰绳,却在我们手里。勒好了,它能跑出盛装舞步,若任了它的性子,可能一扬蹄把你掀下马来。

二、情绪的破坏性与建设性

对于情绪带来的主观感受,我们通常有好情绪和坏情绪之分。心理学也惯用正面和负面来把情绪分类,前者如乐观,后者如悲观。但正面情绪不必然带来好结果,比如乐观可能使人盲目;同样,负面情绪也未必就一定是坏结果,比如害怕会叫人谨慎。

若从情绪最终导致的结果看,情绪则可以分作破坏性和建设性两类。一语不合,就摔锅打碗;一失恋失意,就割腕投河;一赢球兴奋,就酗酒飙车;一受辱愤怒,就端枪乱射,这些损人不利己的表达都使情绪具有破坏性。而建设性情绪,借用庄子的话,就是"顺人不失己",是与己和谐、与人和睦的"和为贵"做法。这种建设性一定是双向的,损人利己或是损己利人虽对一方暂时是建设性的,但它们都是单向的,以另一方的受损为代价,这种建设性必难以为继,最终还会归于破坏性。

2006 年足球世界杯决赛,在法国队与意大利队之间进行。开场 7 分钟,法国队灵魂人物齐达内就罚中一粒漂亮的点球,为法国队取得了领先优势。可是,比赛进行到加时赛时,众目睽睽之下,齐达内却用闪亮的光头撞向了意大利队后卫马特拉齐,后者随即倒地。裁判举起了红牌,齐达内被罚下赛场。随后,失去了队长的法国队,在最终的点球大战中不敌意大利队,与冠军失之交臂。同时,齐达内本人遭到禁赛 3 场,罚款 7500 瑞士法郎的处罚。

对于齐达内的失态表现,德国组委会主席贝肯鲍尔在赛后猜测:"肯定是有人对齐达内说了什么,他平常是一个含蓄的人,并没有什么攻击性。"齐达内在事后接受媒体访谈时,证实了这一点,在道歉的同时他表示,马特拉齐理应受到头撞,因为他使用了"非常难听的语言",侮辱了自己的母亲和姐妹。据英国一位唇语专家分析,在齐达内头撞马特拉齐之前,马特拉齐说齐达内是"一个恐怖主义娼妓的儿子"。尽管这种说法遭到马特拉齐的否认,但国际足联纪律委员会经过调查宣布,两人都承认马特拉齐的话带有污蔑性,但与种族歧视无关。

无论如何,一代足球大师就这样断送了法国队夺冠的希望,在一片嘘声中结束了自己足球生涯中最后一次世界杯的最后一场比赛。齐达内的"真性情"之举,虽热血却误了大任,这种愤怒无疑是破坏性的。

曾有人这样解读一些"负面"情绪:发怒,是用别人的错误惩罚自己;烦恼,是用自己的过失折磨自己;后悔,是用无奈的往事摧残自己;忧虑,是用虚拟的风险惊吓自己;孤独,是用自制的牢房禁锢自己;自卑,是用别人的长处诋毁自己。听上去,这些情绪简直就是凶器了。

同样是受辱,相比于法国人齐达内,中国古人韩信的应对就智慧得多。年少时,孤苦的韩信常受人歧视。有一次,一群屠夫恶少羞辱韩信,有一个挑衅他说:别看你长得又高又大,喜欢带刀佩剑,其实你胆子很小。你真不怕死的话,就用你的剑来刺我,如果不敢,就从我的裤裆下钻过去。志存高远的韩信告诉自己,不能为杀一个无赖惹官司。于是,当着许多人的面,他从那个屠夫的裤裆下钻了过去。身为一个熟演兵法的练武之人,却能承受"胯下之辱",这样出色的情绪管理能力,奠定了韩信日后成为汉朝开国名将的心理素质。

也难怪孟子会说:"天将降大任于斯人也,必先苦其心志,劳其筋骨,饿其体肤,空乏其身,行拂乱其所为",能在这样的磨炼中"动心忍性,增益其所不能",肯定是建设性地用好了情绪。

魔力悄悄话

其实,情绪是把双刃剑,用错了,会自断前程,用对了,却可所向披靡。曾有人这样解读一些"负面"情绪:发怒,是用别人的错误惩罚自己;烦恼,是用自己的过失折磨自己;后悔,是用无奈的往事摧残自己;忧虑,是用虚拟的风险惊吓自己。

三、情绪的管理

任何情绪,都可能产生破坏性。趋利避害,要靠有效的管理,而不是将情绪强压下去憋在心里,指望它自己化为乌有。很多人把管理情绪理解为控制情绪,这其实是一个误区。虽然对情绪不加控制、随意发泄会让人遇到麻烦,但是,对情绪控制过度也会给人带来不良后果,会使人变得非常封闭,失去合理表达感情、幽默和不满的能力。

美国愤怒管理专家卡库诺夫发现,只有大约10%的时候,愤怒会伴有攻击行为。在处理得当的情况下,愤怒还能起到积极的作用。因为愤怒可以让他人知道自己的主观感受,可以帮助人们大胆地站出来维护自己的权利,也可以帮助人们界定人际关系中存在的问题。

在人际冲突中,当愤怒情绪得以正面表达的时候,其威胁性就消失殆尽了。正面表达就是心平气和地沟通彼此的感受,以及感受背后的需要。对此,美国心理学家罗森伯格的非暴力沟通理论,提供了一个现成的表达句式:"当你……的时候,我感到……,我需要……,我希望/请求……"这个表达方式看似简单,但它包含了有效沟通的四要素:观察,感受,需要,请求。

很可惜,在发生矛盾冲突后,王濛压抑了委屈,王春露冷藏了愤怒。因为不当的处理,问题不仅没有化为乌有,反而像滚雪球一样不断扩大下去,最终两败俱伤。

魔力悄悄话

情商开发,就是学会恰当地管理情绪。不是任性发泄,而是有效表达;不是强行压抑,而是及时处理。这样才能做到让情绪为自己服务,而不是被情绪牵着鼻子走。

四、逆来顺受,变废为宝

一头病驴被扔进枯井里,主人准备把它埋了,但这头驴不想死。于是,每当一铲土落下来,它就抖抖身,把土踏在脚下。就这样,随着土越落越多,驴越站越高,最终跃出井口,活了下来。这是一则寓言。

凭借一部《卧虎藏龙》斩获奥斯卡等国际大奖的台湾地区导演李安,就曾是这样一头驴。因为,他的电影梦曾遭遇过两大杀手,只是,都被他演绎成了"祸兮,福之所倚"。

一是父亲的不认可。李安有一个军人性格的父亲,对儿子管教甚严,身为校长,他期望李安子承父业当一名教师。可李安中学毕业后却联考落榜,最后考上了艺专,令父亲极度失望,几度劝儿子改行。李安曾形容:"有段时间,我看到老爸就想跑。"李安唯一一次听到父亲鼓励的话,却是父亲的临终遗言。在李安看来,父亲或许一生都没有接受过儿子已经成为一个电影导演的事实。

始终得不到父亲认可的李安,却把父亲给予的压力在他拍摄的影片中释放出来。李安曾坦承,父亲在他的创作生涯中,占有举足轻重的地位:"父子关系是男性与男性之间的一种张力,我想没有父亲对我的压力,也没有我影片中能表现出来的张力,这也成就了我的电影。"在《推手》《喜宴》及《饮食男女》这三部被外界称为"父亲三部曲"的影片中,我们都不难看出,与父亲的冲突和妥协,使李安获得了对中国父权文化、亲情纽带的深刻思考和复杂情感。

二是一度失业在家长达6年。在这6年里,这个自认为"除了拍电影别无长处"的儒雅男人没有电影可拍,几乎没有什么收入,全靠太太的薪水养家。在这种情形下,李安心甘情愿地做起了"家庭妇男"。他后来说:"那时我没辙,在没有选择的情况下,我只能这么过日子……但是那时我打下了扎实的家庭基础,以至于我现在长年在外面拍戏,家也没有散,当时下的本钱,现在坐享其成,收利息。"

情商——乱云飞渡仍从容

亲人不理解,社会不认同,理想几乎没有实现的可能,这样的高压逆境能消磨许多人的意志,摧毁许多人的梦想,让许多人有理由怨天尤人,但它却成全了一个不卑不亢的大导演。

魔力悄悄话

逆境能消磨许多人的意志,摧毁许多人的梦想,让许多人有理由怨天尤人,但它却成全了一个不卑不亢的大导演。化愤怒、怨恨、沮丧为动力,把挫折当作机会,才能不被情绪的大坑所淹没。

五、学会应对情绪

　　17 岁的魏晨是鲁勒情商冬令营里的一个学员。他金发直立,身上穿着一条破洞的低腰牛仔裤,阴沉着脸,一副爱谁谁的叛逆样子。他父亲反复告诉我们这个"问题孩子"如何叛逆,希望我们帮他"改掉抽烟喝酒飙车的坏习惯,不再离家出走"。

　　原来,魏晨与父亲已经水火不容。据魏晨妈妈说,儿子本是个很懂事的孩子,小时候看到爸爸生病了就自己跑到外面叫出租车,告诉司机送爸爸去医院,然后自己跑到庙里烧香拜佛祝爸爸早日康复。可不知为什么,长大后就"学坏了"。

　　等我们深入了解后才发现,魏晨所谓的"坏",其实不过是因为没有学会有效地应对。

　　魏晨上小学期间,家里准备移民到国外,因为不想去,魏晨上课有些闹情绪,老师不希望他干扰其他同学,就罚他与大家隔离,坐到教室门外。面对这样的挫折,魏晨显然没有作好准备。他被罚了一个月,都没有跟父母讲,回家只是哭闹发脾气,用手捶打家具。这样的情绪不稳时刻,本该是父母引导孩子,教会他有效应对的最好机会,可惜魏晨的父母都没在意,因为他小时候就是个"夜哭神"。等到发现实情,他们做的就是把魏晨转到了另一所学校。

　　转学后,魏晨很喜欢新学校,可是小升初时还是没能考上中学部。为了能和自己喜欢的老师同学在一起,他一边自己找校长,一边哀求爸爸给他说情想办法。但爸爸顾虑到教育专家曾批评自己管孩子过于细致入微,不利于孩子成长,所以决定撒手不管,拒绝了儿子的请求。从此魏晨把一股怨气都发在爸爸身上,开始和爸爸对着干。

　　上了中学后,魏晨喜欢上同班一个女孩子,他开始像个男子汉一样去关心她,每天早早去给她买早点,却连手都不好意思拉。但魏晨的爸爸担心闹出大事来,他没有和儿子沟通,就直接找到老师,老师又联系到女孩的父母……就这样，魏晨失去了女朋友，对爸爸也彻底绝望了，开始不好好上学，后来索性跑到外面跟一帮损友混。

魏晨的父亲情急之下，把儿子强行送到了国外，并拿走他的身份证件，想借此逼他改头换面。魏晨以死相逼，才得以回家。此后，魏晨就开始长时间混在外面，偶尔回家也只是洗澡换衣要钱，没钱了就卖掉父亲买的 iphone，爸爸再怎么给他打电话发短信，他已经完全置之不理了。

痛心不已的父亲开始四处找专家求助，花费了不少精力财力。一个"很专业"的心理医生听到他描述儿子如此暴躁，立刻建议他给魏晨吃治狂躁的药，他遵医嘱偷偷把药混在饭里给魏晨吃了。这个举动还是被魏晨发现了，他再也不信任家里的任何人，每晚都要把自己的房门锁起来。

人的情绪从婴儿时期就开始形成了。当妈妈的大多都有过这样的发现，深夜起床给孩子喂奶时，自己是满怀喜悦还是心烦气躁，即便是一个刚出世的婴儿也能立刻感受到氛围的不同。

加拿大心理学家布里奇斯的研究表明，新生儿会有兴奋或者激动的情绪，但还只是一种杂乱无章的模糊反应。随着学习和成长，情绪就会像细胞裂变一样不断分化。在 3 个月大的时候，婴儿开始有了两种情绪反应：痛苦和快乐；到 6 个月的时候，痛苦又分化为恐惧、厌恶和愤怒；再到 12 个月大的时候，快乐分化为高兴与喜爱；再过半年，痛苦又分化出嫉妒。待到孩子长到四五岁时，脑部已经长到成人大脑的 2/3，其精密的演化程度是一生中最快的阶段。

父母对孩子的情感世界的影响，无论是有意还是无意，都是从孩子出生起就开始了，可以说，父母是孩子的第一任情商老师。美国著名家庭心理专家高特曼博士将父母只分为两类：一类是，给孩子的情感世界提供引导的家长；另一类是，没有给孩子的情感世界提供引导的家长。给孩子的情感世界提供引导，也就是担当了"情商教练"的角色。只有教练做对了，孩子才能学会应对情绪事件，而不至于被情绪带偏。

从魏晨的成长经历中，我们就没有看到"情商教练"在起作用。被老师批评，没考上理想学校，早恋被叫停，甚至被隔离到国外，这些都不是魏晨变坏的必然理由。真正的原因，是他不会有效应对，而只是任由情绪肆虐，做出种种"坏"举动——父亲不帮忙就怨恨他，需要人关心就找女朋友，讨厌父母就离家出走。而没有教会孩子管理情绪，说到底，还是错在家长。可话说回来，遇到问题，魏晨父母自己都应对得笨手笨脚，哪里还说得上教儿子呢？

得到父母的情感支持和引导的孩子会感到自信和平和,因为当他们确信最亲近的人认可自己的感受时,就无须为了自我肯定而盲目反抗,自然也会乐于在父母的引导下有效地解决问题。当这种"认可—支持—引导—解决问题"的模式实现良性循环后,孩子就能自主面对生活的挑战了。可以说,正是对情绪情感的无知,毁掉了魏晨父子的情感纽带!

冬令营闭营那天,魏晨的父母接他回家,听说当晚要与亲戚们一起聚餐,魏晨到家后悄悄去发廊,把头发染回了黑色。他的妈妈激动地告诉我们说:儿子的变化太大了,他说还要去夏令营,而且要上两期。他的爸爸除了感谢,问了又问:你们是怎么做到的呢?

其实很简单,秘诀在于,教会孩子做情绪的主人。

魔力悄悄话

学会做情绪的主人,才能真正操控情绪。得到父母的情感支持和引导的孩子会感到自信和平和,因为当他们确信最亲近的人认可自己的感受时,就无须为了自我肯定而盲目反抗,自然也会乐于在父母的引导下有效地解决问题。

六、张弛有度,从紧张情绪中解脱出来

在现代社会生活中,心理上有一定程度的紧张是不可避免的。没有一定程度的紧张,就不会有学习和工作的业绩,人们就无法适应今天的社会生活。没有紧张,或者紧张过度都不会有好的业绩。我们要的是适度紧张,这就好像琴弦一样,过松奏不出乐曲,过紧则声音刺耳,甚至会崩断,只有松紧适度才能奏出悦耳的声音。

我国古代流传着这么一则寓言故事:

一位技艺高超的教授弓箭的师父在传授徒弟射箭的技巧时问他的徒弟:"你的臂力有多强?"徒弟说:"七石的弓(古代以石论弓的强度),我常把弓拉满几个时辰都不放。"言语间自豪之情跃然纸上。"很好!现在我要你把箭射出去!看看你能射多远!"师父说道。

信心百倍的徒弟忙用自己拉满七石的弓,将箭射了出去。徒弟以为已经射得很远了,心想,师父一定会夸奖自己一番的。

师父看后,却没有说什么,而是也跟着射出一箭,用的是自己六石的弓,但是,却比徒弟射得远得多。

看着徒弟惊讶的表情,师父开口对徒弟说:"强弓要虚的时候多,满的时候少,才能维持弹性,成为强弓。倘若弦总是被拉紧,就不可能射出有力的箭了。"

箭要想射得远,就要拉紧弦,但是拉得太紧,弦就会被拉断。人的精神也是这样,一味地将自己置于紧张的学习、工作之中,得不到丝毫的休息,使我们自身生理上和心理上都承受巨大的压力,那结果就事与愿违了。就如举重一样,超过自身的承受力就举不起来了。如果说人是一只皮球,压力就是注入皮球的气体,超过一定的量,必然会使皮球爆炸。人若承受不了压力,心情太过紧张,身心必然会出问题。

人们在日常生活中,经常会遇到各种各样的困难和障碍,为了解决问题,实现自己的目标,就必须克服困难。而困难的出现和克服,会引起人内心的不安和紧张,严重时就会给人带来恐惧,形成焦虑。爱默生说:"恐惧较之世上任何事物更能击溃人类。"有的人由于不知道心理紧张如何调控,出现了社会适应不良,生命质量下降的情况。

从生理心理学的角度来看,人若长期、反复地处于超生理强度的紧张状态中,就容易急躁、激动、恼怒,严重者会导致大脑神经功能紊乱。因此,人要克服紧张的心理,设法把自己从紧张的情绪中解脱出来。那么,如何才能掌握心理紧张的自我调控之法呢?

1. 不理睬外部的不良刺激

人陷入心理困境,最先也是最容易采取的便是回避法,躲开、不接触导致心理困境的外部刺激。在心理困境中,人大脑里往往形成一个较强的兴奋中心,回避了相关的外部刺激,可以使这个兴奋灶让位给其他刺激,引起新的兴奋中心。兴奋中心转移了,也就摆脱了心理困境。

2. 让自己放松

有位精神治疗专家曾说过:"要在你的心灵寻找出'宁静房间',这是任何人都需要的。"这里所谓的"宁静房间",就是指要设法让自己尽量松弛。人在紧张的工作、学习之余,可以从事各种娱乐活动,调节自己的生活,让自己放松。不管白天的精神压力如何,夜晚的时候,一定要让自己保持心境平和,因为紧张会导致失眠,精神会因之更加紧张。

3. 遇事要保持镇静

如果在工作、学习中遇到难题或必须完成的紧急任务,首先应该稳住自己的情绪,保持镇静,先不必紧张,也不要急于求成,以免乱了方寸。进而要相信自己的能力,并对困难作出冷静的分析,制定出必要的应对方案。

4. 寻找新兴趣

美国心理学教授韩斯·施义博士说:"不要把事情看得太严重,更不要把小事情弄得紧张兮兮的,否则,一旦养成这种习惯,紧张就会越来越严重、厉害了。"所以,为了避免总是处在紧张之中,最好再寻找一些新的兴趣,改变一下日常生活,这对于驱除紧张也是很有帮助的。

必须说明的是,焦虑紧张时,不要迁怒他人。没有什么事可以比迁怒他人更损害自己的。因为,这只会导致更严重的情绪紧张。

心理学中所说的"齐氏效应",是指人们因工作压力而导致的心理上的紧张状态。它来源于法国心理学家齐加尼克的一个实验——"困惑情境"实验。

情商——乱云飞渡仍从容

　　齐加尼克找来一批被试者,并将他们平均分成两组,然后要求他们在相同的时间里完成 20 项工作。其间,齐加尼克对一组受试者进行干预,使他们因被打扰而未能完成任务;而对另一组,齐加尼克则毫不干预,让他们顺利完成全部工作。

　　实验结果是,虽然这两组被试者在接受任务时都呈现一种紧张状态,但是,那些顺利完成任务者的紧张状态却逐渐消失了;而那些未能完成任务者的紧张状态却持续存在,他们的思绪依然被那些尚未完成的事情困扰着。这后一种情况便被称为"齐氏效应",也叫"齐加尼克效应"。

魔力悄悄话

　　"齐氏效应"告诉我们:一个人接受一项任务,就随之产生了一定的紧张心理,这种紧张心理只有在任务完成后才会彻底解除。倘若任务没有完成,则紧张心理将持续不变。"

第五章
要让情绪为己用

　　生气,是因为别人的过错而惩罚自己。原谅了别人也就饶过了自己。另外,将对方看作一个客观存在的事物。减弱你的烦恼,对于非原则的刺激,我们必须学会紧紧地把住闸门,尽可能不听,不看,不感觉,不让它输入。如果输入了,就尽可能不联想,不思考,不记忆。

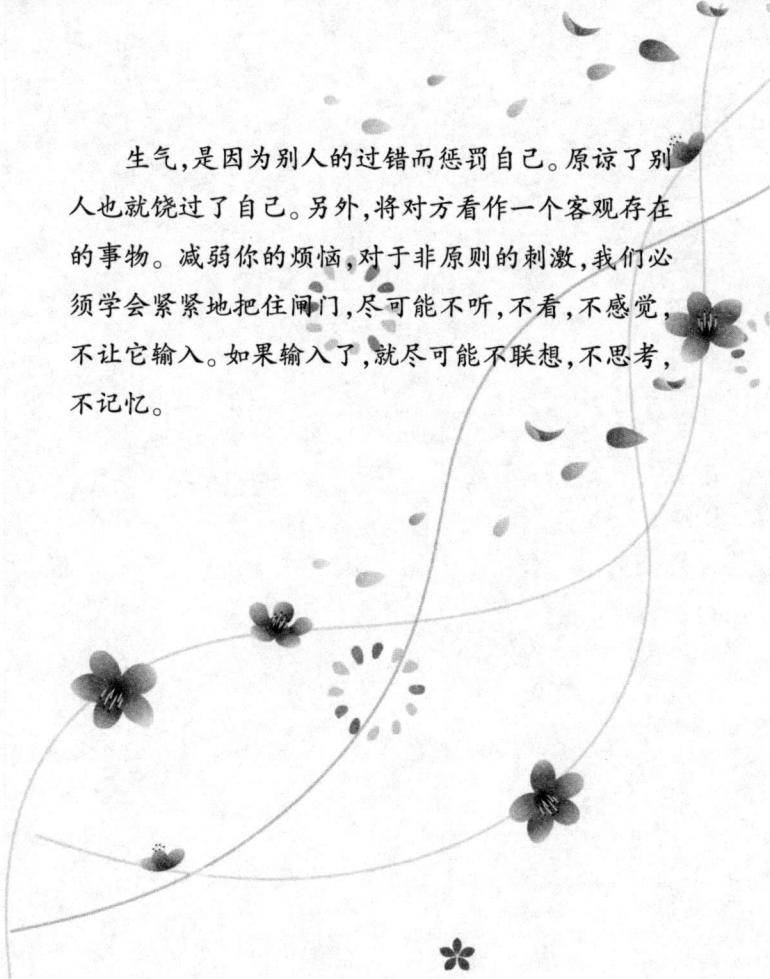

一、情商发电机

提出"情智"概念的梅耶博士和萨洛维博士认为,情绪和动机一起为人提供心理能量。他们认为,"当情绪、动机和社会需求协调一致的时候,我们就会拥有能量。"从他们对情智概念的解构中,我们可以看出,如果把人的心理比作一台发电机,情商正是通过对自己及他人情绪的应用、调节和利用,来帮助维持这台发电机的运作,使之能较好地引导和使用以及输出能量。

事实上,中国文化也早就认识到了情绪可以化作能量,《中庸》指出了"知耻近乎勇",古代诗人也描述了"春风得意马蹄疾",还有俗话说的"化悲痛为力量"。2010 年,甘肃舟曲发生特大泥石流时,年轻妈妈杨露梅被埋在了泥里动弹不得,但凭着母爱,她用一只手托举起 4 岁半的儿子长达 8 个小时直到获救,让人们再一次真切地看到了"情绪小宇宙"的爆发。

魔力悄悄话

当情绪、动机和社会需求协调一致的时候,我们就会拥有能力。事实上,中国文化也早就认识到了情绪可以化作能量,《中庸》指出了"知耻近乎勇",古代诗人也描述了"春风得意马蹄疾",还有俗话说的"化悲痛为力量"。

二、情绪坐标

与梅耶和萨洛维博士一道致力于情商研究和训练的凯如索博士绘制的一个坐标图,为我们有效使用情绪提供了一个指导方向。在这个模型中,一个人的心理状态,根据情绪的愉悦程度和精力的高低,被大致划分为4个象限,而在每个象限的心理状态下,都有最适合做的事情:心情好精力足的时候,最适合头脑风暴;心情差精力足的时候,则最适合进攻;心情好精力差的时候,可以进行回顾和反思;把心情、精力都不好的时间,用来挑错和排查问题,会比较得心应手。

以此作对照,我们就很好理解,为什么战前动员时煽动对敌人的仇恨会很有效,为什么鲁迅在悲愤的时候能写出犀利如匕首般的杂文了。当然,它也提醒我们,开头脑风暴会的时候一定要让大家吃饱喝好,聘用审计人员的时候最好不要找那些一天到晚开心乐呵的。

美国的大都会保险公司,是最早从善用情绪中尝到甜头的企业之一。20世纪80年代中期,公司雇用了5000名推销员并对他们进行了培训,每名推销员的培训费高达3万美元。可是,这些人入职后,第一年就有一半辞职,4年后就只剩下了1/5。造成高流失率的首要原因是,在推销人寿保险的过程中,推销员得一次又一次面对被拒之门外的窘境。

这个发现,促使公司的招聘人员急于要探明:是不是那些善于应对挫折、能将每一次拒绝都当作挑战而不是挫折的人,才可能成为成功的推销员?于是,他们向宾夕法尼亚大学的心理学家塞林格曼博士讨教,并请他来检验他自己提出的乐观理论:当乐观主义者失败时,他们会将失败归结于某些他们可改变的事情,而不是某些固定的、他们无法克服的困难,因此,他们会努力去想办法,改变现状,争取成功。

塞林格曼博士到了公司后,先后对1.5万名新员工进行了测评和跟踪研究。这些员工都接受了两次测评,一次是常规的招聘筛选测评,另一次是塞林格曼自己设计的只针对乐观精神的测评。塞林格曼根据研究需要对这些员工的测评结果作了分类,其中有一类,是没有通过招聘筛选测评、但在乐观测评中被鉴定为"超级乐观主义者"的人。随后的跟踪研究就发现,这一类人在所有员工中是工作任务完成得最好的:第一年,他们的销售额比"一般悲观主义者"高出21%,第二年则高出57%。

从此以后,大都会保险公司再招聘推销员时,就把通过"乐观测评"作为一个录用条件。

魔力悄悄话

要获得心理能量,就要善用情绪。那些善于应对挫折、能将每一次拒绝都当作挑战而不是挫折的人,才可能成为成功的人。

三、用好自己的情绪

中国女子网球名将李娜在 2011 年年初夺得澳网亚军后,却在几个赛事中遭遇了"首轮游"。等到备战法国网球公开赛时,她换了莫藤森做自己的新教练。她说,"请莫藤森来并不是为了改技术,而是要他给我更多的信心。"因为,对于夺冠,她认为自己的最大障碍,不是技不如人,却是心理问题。

据李娜说,她的中国教练让她感到"很压抑",缺乏登顶的自信。"在我的成长过程中,成绩是在提高,但是心里一直有阴影。余教练不懂得表扬队员,9 年她没有表扬过我一次,永远在骂我和李婷。"而在欧洲体育台经常解说李娜比赛的莫滕森,却曾断言"我认为她能赢得大满贯冠军"。

事实证明,换帅确实给李娜送来了及时雨。"他非常信任我,给了我许多自信。现在我每打完一分后看他,他都会给我鼓励,哪怕只是一个眼神,这都是我需要的。"如愿夺冠后,李娜公开赞扬了新教练对自己的帮助:"他总是对我说'你是最好的',给了我很大的信心。"

无论是中国教练的批评,还是外国教练的鼓励,无论它们起到的是压抑还是鼓励的作用,其实说到底,还是在于李娜自己把它们内化了。自己的心态正面了,负面的反馈也可以化成自我激励的动力;自己的心态是负面的,即便听到鼓励也可能消极地去理解。

加起来有 50 多年心理治疗经验的马特兰诺和克达尔博士发现,下面的"内心独白训练"对清除一个人负面的自我暗示很管用,它包括 5 个方法:

1. 倾听自己,听到自己的想法。
2. 在内心跟自己的对话中,找到那些对自己有害的词。
3. 屏蔽掉那些有害词。
4. 打断那些有害的内心独白,而代之以积极正面的声音。
5. 把负面思维的利剑变换为活跃地解决问题模式。

如果李娜在听到中国教练的批评后,有能力在压抑自己的负面想法中去除那些"我不行"的有害词,代之以"不管你怎么说,我都相信自己是最好的",那么她即便不换教练,都会有她需要的自信。幸好,外国新教练帮她完成了这个内心独白训练。

魔力悄悄话

要用好自己的情绪,就必须首先清洁自己的内心,不让自己成为负面心态的牺牲品。自己的心态正面了,负面的反馈也可以化成自我激励的动力;自己的心态是负面的,即便听到鼓励也可能消极地去理解。

四、用好别人的情绪

脾气不太好的乔布斯,据说经常把下属骂哭,暴怒之下还会开除员工,看似不擅长用好别人的情绪。但在力邀百事公司总裁约翰·斯卡利跳槽苹果时,却表现出了超高的情商。

当时,乔布斯认为斯卡利是他为苹果找到的最佳总裁人选,但出于搬家、薪酬等等的顾虑,斯卡利一直回绝乔布斯的盛情,直到两人在纽约的一次会面。乔布斯知道斯卡利自视很高,却又缺乏安全感,所以这样对他说:"我真的希望你能来和我并肩战斗,我可以跟你学到很多东西。"斯卡利事后承认,他被乔布斯的话打动了。

斯卡利喜欢艺术史,他把乔布斯带到大都会博物馆,给他讲古希腊和罗马艺术,他想看看乔布斯是否真的愿意接受别人的教诲,结果乔布斯的表现让他感到自己可以当一个聪明学生的老师。在随后的聊天中,斯卡利告诉乔布斯,如果不进入商界,自己本应该是个艺术家。乔布斯回应说,如果不干上电脑这行当,他想象自己可以是个巴黎的诗人。

尽管两人越谈越契合,当乔布斯再次鼓动斯卡利转投苹果公司时,他还是有一丝犹豫:"我真的很喜欢你的事业,一想到就非常兴奋,又有谁不会呢?但我没理由转换行当,我很乐意当你的顾问,帮你的忙,然而我不可能跳槽到苹果公司去。"随后,斯卡利就听到了这段乔布斯的经典名言:"你是想用后半生卖糖水,还是想有一个机会改变世界?"按斯卡利在《冒险历程:从百事到苹果》一书中的形容,他听到乔布斯的这句问话时,感觉肚子上重重地挨了一拳,他意识到他不可能再说不了。

我在网上看到过一个美国的征兵广告,短短两三分钟的视频里,没有人说一句话,没有出现一个口号,而是一个再简单不过的场景:一个机场候机厅里,人们在各赶各的路,各忙各的事,几个刚下飞机的军人走了进来。这时,正在看报候机的旅客抬起头来开始鼓掌,正在打扫的清洁工停下手里的活计开始鼓掌,正在忙着做饭的厨师也从餐厅探出头来开始鼓掌……在越来越多的掌声中,年轻军人们的脸上露出骄傲的笑容,在他们自豪的背影后,出现了全片唯一的文字:"谢谢"。貌似很朴素平淡的一个短片,却打动了一大批观众,不少网友看后,甚至留下评论说:看得我都想报名入伍了。能达到这个效果,是因为它激发了人们最高层面的情感需求,那就是受人尊重,而且人同此心,心同此理。单看广告创意者对情绪的理解和利用,我就可以推断他的情商不会低。

瑞典家居公司宜家可以说是深谙此道。到过宜家购物的顾客都知道,在这个家居产品的卖场里,还同时提供物美价廉的瑞典风味食品和快餐,以及象征性收费的咖啡和冰激凌。这不仅为购物的顾客提供了一次逛个够的方便,而且还吸引了不少只为了重饱口福的回头客。不只如此,商场如迷宫般的设计也是暗藏心机:很难找到捷径出口的顾客只能按照一条路线从入口走到收银台,无意间就穿过了所有的货品区域,难免就会因一时兴起,买了计划外的什么物品。而单单靠让顾客迷路,宜家就创造了 60% 的冲动购物,也就是说在销售出去的货品中,有 2/3 原本不在顾客的购物清单上,完全是巧用冲动情绪带来的业绩。

中国海尔集团的工序管理更是活学活用了"己所不欲,勿施于人"的同理心原理。在这样一个生产企业,每一件产品从设计、生产到销售,都要经过若干道工序最终到达用户的手里。在这个链条上,一道工序出问题,其他工序就会跟着受影响。海尔的办法就是告诉每道工序的员工:"你的下道工序就是用户。"如果你为上道工序遗留的问题付出了劳动,你有权利向他索酬;同样,如果你把问题留给了下道工序,人家也有权利向你索赔。也就是说,什么问题都得在自己这儿解决好,留给后边人家不饶你,谁那儿"掉链子",谁就得从兜儿里掏钱。此招一出,立竿见影,随着问题的减少,企业效益也大幅提高。

魔力悄悄话

有效管理他人情绪的情商,能分析一个人的内在情感并通过认同这个情感来赢得合作。一个人若能对情绪进行合理的理解和利用,就可以推断他的情商不会低。

五、挖出情绪绊脚石

想象一下你是理财服务的一个潜在客户——你收入很高,是一家人的经济支柱,你对未来有一些设想,你想给孩子最好的教育,你想尽早退休去干自己一直想干的事,你想让你的钱自己生钱,这样你就能不那么拼命工作了。一个理财顾问约了你,你同意见面,想到能存些钱并做点投资,你还挺有兴致,但你可不想这个理财顾问跟你谈什么保险,你不喜欢保险,尤其是人寿保险,况且你也有保险了。

现在再换到理财顾问的角度想象一下。他一般不容易找到新客户,现在他终于约到了你,他也知道你很想跟他讨论如何让财富保值和增值,反正他自己也不喜欢讨论保险问题,所以,他决定除非你自己主动谈,否则他也不提,这样就避免了让你难受。

这样免谈不愉快话题的做法,虽然避免了对话双方的两败俱伤,却给理财公司带来了问题:人寿保险卖不出去。这就是美国运通公司理财服务部(AEFA)在1992年面临的一个问题:在他们的现有客户中,那些理财规划显示出有人寿保险需求的,却有72%的人并没有购买。

公司为此专门雇用了研究人员来探究其中的问题。结果发现,无论是买方还是卖方对销售过程都不满意,而且,不满意的原因跟价格和产品特性等都关系不大,绝大部分却是与情感有关——买卖人寿保险都要不可避免地谈论死亡和残疾。

在此之前,AEFA对员工的入职和在岗培训非常传统。除了详细介绍理财产品,就是集中在教理财顾问们如何作财务规划,如何打电话,如何与客户面谈,以及如何处理客户的异议,却从来没有涉及如何处理自身以及客户的情感问题。

挖出了这个情绪绊脚石,AEFA才开始意识到情绪对销售业绩的影响,公司的人力资源总监开始向几名绩效心理学家求助。在确信了人可以通过学习提高情商之后,公司请专家设计了为期5天的情商培训课程,开始着手对两部分人进行培训:理财顾问和一线经理。重点培训自我意识、自我管理和人际交往等情商技能,期望他们能通过培训提高决策能力,从而提高销售业绩。同时,公司还指派了一个数字高手,专门负责跟踪这些参训人员的业绩表现,并与另一组未受训人员作比较。

结果,经过培训的理财顾问们的销售增长比未参加培训的高出 18%,90% 的受训经理反映说,培训对其工作业绩非常重要,并体会到了一种对个人的积极效果。AEFA 随后在全公司范围引入情商培训并坚持了 20 年,取得了丰硕的成果。

尽管缺乏情绪管理技能造成了理财顾问的销售问题,但 AEFA 解决这个问题的过程却显示出良好的情商技能,其中最为关键的是,对情绪的察觉和接纳帮助他们准确地界定问题,从而有效地应对,否则就失之毫厘谬以千里了。

魔力悄悄话

在解决问题时调动情商,首先需要排除情绪对自己的干扰,要先处理情绪,再处理问题;同时,在寻求解决之道时,还要充分调动情绪的力量帮助理性思考,参与判断和决策。

六、情绪的转换

俗话,可以说是民间智慧的结晶。中国俗话里却有不少自相矛盾的说法,若视之为金科玉律,真就叫人不知如何是好了。

俗话说:宰相肚里能撑船;可俗话又说:有仇不报非君子,

俗话说:宁可玉碎,不为瓦全;可俗话又说:留得青山在,不怕没柴烧。

俗话说:退一步海阔天空;可俗话又说:狭路相逢勇者胜。

俗话说:得饶人处且饶人;可俗话又说:放虎归山,后患无穷。

俗话说:善有善报,恶有恶报;可俗话又说:人善被人欺,马善被人骑。

俗话说:量小非君子;可俗话又说:无毒不丈夫。

俗话说:不怕人不敬,就怕己不正;可俗话又说:众口铄金,积毁销骨。

这倒是应了那句俗话:人嘴两张皮,咋说咋有理。我认为,左说右说,都是智慧,而能根据情境恰当地选左择右,更是一种智慧。就如同开车,首先车要配齐挡位,然后就是司机根据需要适时换挡了。能够根据形势和条件的变化调整自己的情绪、想法和行动,就是一个人的适应力情商。

灵活的人机敏、善于合作,能对变化做出反应而不墨守成规,当他们发现事实证明自己错了时,能够改变主意。他们通常能开放对待并容忍不同的想法、偏好、方式和惯例,而不独断专行,但他们又不是变化无常地转变想法和行为,而是根据从环境获得的反馈不断调整;缺乏这一能力的人则有刻板和固执的倾向,爱认死理,他们很难适应新环境,并缺乏抓住和利用新机遇的能力,常常是一条道走到黑。

情商高的人,不仅会配齐挡位,还会根据实际情形的需要,及时换挡,做到进退自如。在换挡上栽过跟头,也尝过换挡的甜头的,万科董事长王石算是一个。而且,作为公众人物,这个跟头栽得他终生难忘。

2008 年"5.12"汶川地震发生后,全国上下齐动员,万众一心地投入赈灾。但在这个全民热潮中,王石却在其个人博客上表示:"作为董事长,我认为:万科捐出 200 万元是合适的……中国是个灾害频发的国家,赈灾慈善活动是个常态,企业的捐赠活动应该可持续,而不(应)成为负担……万科对集团内部慈善的捐款活动中,有条提示:普通员工的捐款以 10 元为限,其意就是不要让慈善成为负担。"

此言一出,网民的质疑、不满、嘲讽、谩骂遍布各大网络论坛,"打死也不买万科的房子"的声音也不绝于耳。一夜之间,人们眼中的商界俊才变成了千夫所指。用他自己的话说,就是"一个帖子把我打回了原形,让我知道自己是老几。地震中挨骂的不只是我一个,我也不是最后一个被骂的。当时确实公众情绪也需要一个发泄的地方。我很庆幸没有再发生灾难,不然我肯定会被乱棍打死。"

迫于舆论压力,万科随即提出捐助 1 亿重建灾区的方案,王石本人也对"捐款门"事件公开道歉:"几天来一直在反省,那个时间那样说的确不合适,心里感到不安,这篇文章引起网友对抗灾分心我道歉,给万科人带来压力我道歉,影响万科的形象我也要道歉。"

一年后,在一次公开活动中王石仍称,到现在为止,他对捐款的看法没有任何改变,自己当时不过是"在一个民族需要激情的时候,说了句理性的话"。尽管如此,当认识到这么做所带来的不良后果时,他还是及时换挡,而没有"死要面子活受罪",表现出一个商业领袖应该具备的灵活性。

魔力悄悄话

事实也是如此,一个领导者要想有出色的领导力,就要具备很强的情绪变换能力。当认识到这么做所带来的不良后果时,他还是及时换挡,而没有"死要面子活受罪",表现出一个商业领袖应该具备的灵活性。

第六章
优化个人情商效能

　　毋庸置疑，要找到自我兴趣，就必须发挥情商：让它帮助你在自己的情绪体验中敏锐识别出哪些事情可以给你带来持续的快乐，让它帮助你排除干扰，独立地自我决断，让它激励你为实现自己最大的潜能而不断努力。同样重要的是，情商高会让一个人在经受困难和压力时，能积极主动地应对压力，保持自驱力的充沛状态。

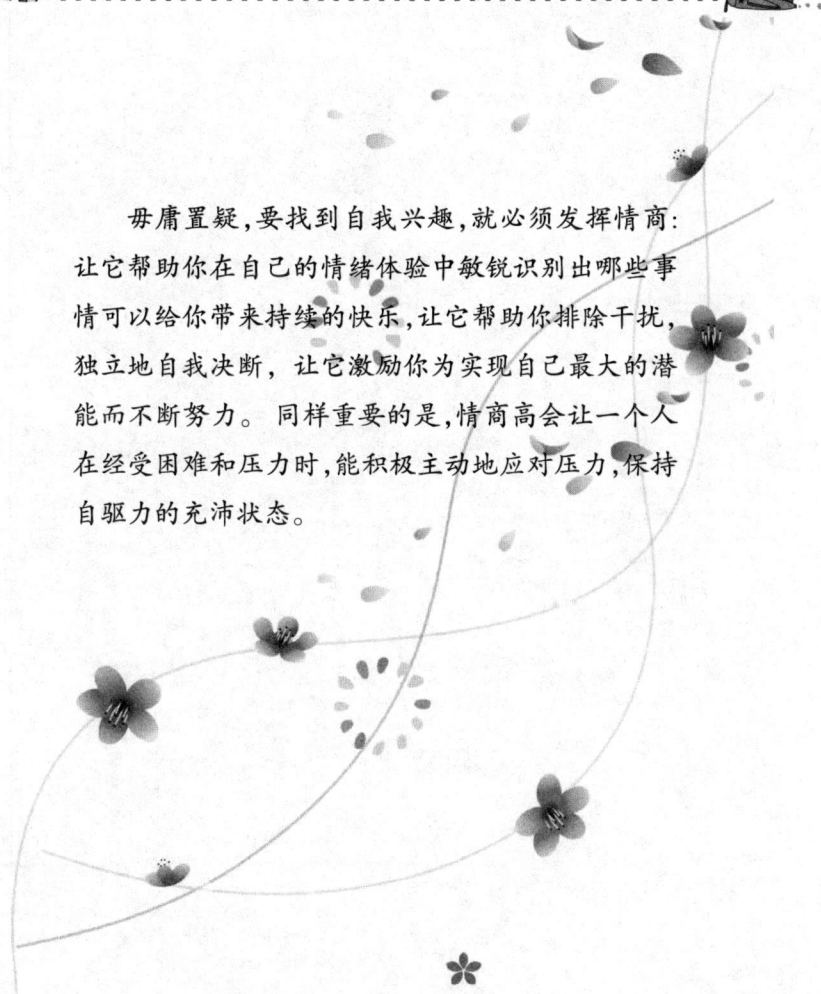

一、听得懂、会说话的沟通力

与巴昂博士共事的时候,他给我讲过这样一个真实的故事:他的一个朋友到非洲的一个地方旅行,当地人很热情,支了一口大锅给她做饭。女士瞥见锅里有一只似手非爪模样的东西,以为晚餐会是什么灵长类的山珍野味。当地人见她狐疑,便肯定地告诉她:"你没看错,这确是一只人手。"女士大骇。"你不用害怕,"当地人连忙安抚她,"我们没有杀人,这只胳膊是我们花钱买来的。"

当时,我和巴昂博士正在吃粤式早茶,听到这个故事,我立即放下了正在咀嚼的凤爪。巴昂博士这才意识到不该在饭桌上讲这么重口味的故事。

现在回想起这个场景,仍觉好笑。但发现,它其实戏剧性地呈现出人际沟通的两大困扰:听不懂,说不对。

美国加州大学洛杉矶分校的麦瑞比安教授经过多年研究,发现造成听不懂说不对的一大原因,是因为当人们口头表达感受或态度时,他的用词只表达了意思的7%,而其余93%的意思却暗藏在他说话时的语气语调和面部表情里。

美国人尚且如此,在表达感情上一向偏爱含蓄的中国人只会更甚。朱自清的著名散文《背影》,细致动人地描摹了父爱,但通篇却未用一个爱字,那份情都藏在字里行间了。

中国人因为讲究面子,在表达情绪时,就会格外在意不让自己丢脸,同时也要竭力避免鲁莽的话和行为伤到别人的面子,所以更喜欢婉转表达。

我在美国留学的时候,曾在一个餐馆打工,领班肯是一个美国人。有一天,因为要安排周六加班的事,他跟我的一个留学生工友老黄发生了下面的对话:

肯:这个周六有顾客订了宴会,我们会很忙,人手可能不够。

老黄:哦。

肯:你周六能来吗?

老黄:可以吧,应该能来。

肯:那就帮大忙了。

老黄:嗯,但你知道吗,周六是个特殊的日子。

肯:你的意思是?

老黄:周六是我儿子的生日。

肯:这么好! 祝你们能过得愉快。

老黄:谢谢! 我很感谢你的理解。

说完,老黄就继续忙他的事了。肯转过头来,带着一脸困惑问我:那他周六是来还是不来呢?

同是中国人,我很容易就听出来,老黄是不愿意周六上班的。但像大多数说话婉转的中国人一样,他却不直说,搬出儿子生日作暗示,巴望着肯能明白他的意思,却把直来直去惯了的老外搞得一头雾水,最终没有明白他的弦外之音。当然,这也不能全怪老黄,也怪肯的神经太大条了,没能在老黄的表达方式中捕捉到老黄的情绪和态度。

肯和老黄的沟通不畅还有跨文化的原因,但这个7/38/55挑战其实无处不在。随着互联网的普及,现代人越来越多地使用书面沟通,在短信、电子邮件的文字往来中,既看不到人,又听不到声,语气语调和肢体语言的传输都大打折扣,相互理解就主要基于对那7%的琢磨了,这无疑加大了沟通的难度和产生误解的频率。不然,即时通信工具中的表情符号也不会应运而生了。

李威是一个培训公司的项目销售,在一次商务活动中,他碰到了在一个高校EMBA(高层管理人员工商管理硕士)项目任主管的解丽。因为高校商学院也是李威的目标客户,在解丽忙于向人推介她的EMBA项目时,李威见缝插针地与她攀谈了几句,并交换了名片。

两周后,李威在发送一个培训项目的推广邮件时,特意给解丽单独发了一封。当天,李威就收到了解丽的一封回复邮件:

李威,你好,感谢你的来信。我校EMBA项目是国内最高端培养企业家的学位项目,我不需要参加你们的项目学习。谢谢。

并且友情提示您,此类项目推广的信息得有针对性地发给对项目有需求的人,才会有效地促进项目的招生。如果你根本不了解对方的需求和情况,就发给对方,只会影响项目的品牌和增加自己的工作量,对于招生弊大于利。

李威看到后,感觉解丽还没有意识到他们正是对项目有需求的人,认为有必要向她作进一步解释。于是李威又给解丽写了一封邮件,措辞仍然很客气,但内容主要是阐述自己所推销的产品对于无论是解丽本人还是她所服务的 EMBA 学员都应该是他们所需要的,并提及公司已经为与解丽所在学校等量齐观甚至更重量级的客户提供过这样的服务。

邮件发出后几个小时内,李威收到了解丽又一封也是最后一封邮件:

李威,我对你们的项目没有任何意向。对于你认为高效的培训工作人员都需要你们项目的悖论不能认同。以后不要再给我发你们的任何项目信息了。

李威十分纳闷和委屈,为什么自己试图建立友好客户关系的努力,换来的反倒是关系的戛然而止?

当李威带着这个疑惑找到我,我看了他和解丽的来往邮件后,用不同的语气语调读出了"我校 EMBA 项目是国内最高端培养企业家的学位项目,我不需要参加你们的项目学习。谢谢。"然后问李威听到后的感觉,此时他都能很准确地领会到我要表达的态度,并且马上就意识到自己的回信可能带给解丽的负面感受。

我问李威,如果有机会重来一遍的话,他会怎么做? 李威回答说:我肯定会约她当面谈。我告诉他,要能准确地听懂看懂读懂别人的情绪,才可能听话听音、读人读心,否则,即便是见面谈也仍可能听不懂、说不对。读不懂客户,又如何拿订单?

魔力悄悄话

中国人所谓"察言观色"的合理性——在人际沟通中,如果只知道听话,不懂得听音,只知道读字,不会读字里行间的意思,那么沟通的质量就可想而知了。

二、不用扬鞭自奋蹄的自驱力

据说,发明了蒸汽机的瓦特,曾经在家里半天不说一句话,只是不停地倒换着茶壶盖。先拿下一个,再换上一个,然后再把它拿下,如此不知疲倦地重复着一个动作,而且还不停地轮换着用盘子和汤勺来收集水蒸气,忙着观察那些凝聚在瓷器和银器上的小水珠。这令他的家人不无担心:"我还从来没有见到一个年轻人像你这样无所事事,你应该去学校认真读书,掌握一些本领和技能,为自己谋一个前途。"但是,执着于自己兴趣的瓦特,却开启了工业革命的大门,把人类带入了一个新时代。他自己慨叹:"天才人物常常被一种无法抗拒的冲动吸引到一个职业上去。"

这种冲动背后,其实隐藏着一个驱动装置,即便它不为人所察觉。就像有种西方理论认为,爱情之所以令人怦然心动,性爱之所以叫人乐此不疲,是出于人类繁衍的需要。如果不把这种动机设置成一种本能,人类的延续就难以保障了。可以说,职业也好,爱情也罢,造物主都为我们预设了内在的驱动力,只不过把它乔装打扮成了情绪的样子。一位美国科学家曾说:"自然想让我们做什么,就把什么变成乐趣。"

哈佛大学的戴维·麦克莱兰教授是研究自驱力的知名心理学家,按照他的理论,人的自驱力主要来自 3 种需要:满足权力的需要,即对他人施加影响的欲望;满足亲和的需要,即从与他人的相处中获得愉悦;满足成就的需要,即实现有意义的目标。这些需要的满足能使人感到愉悦,所以能像兴奋剂一样,令情绪高涨,让人"来劲儿了"。

微软公司曾经在苹果 iPod(一款多媒体播放器)取得巨大成功后推出同类产品 Zune(一款多媒体播放软件),结果却一败涂地。乔布斯在帮助盖茨总结原因时,一语道破他们的差距:"我们赢了,是因为我们从心底热爱音乐。我们的 iPod 是为我们自己做的……如果你不热爱一件事,你就不会多走那一公里,多拼那一个周末,多挑战那一条常规。"

正是因为乐趣背后蕴含着强大的自驱力,"追求真正的兴趣"早已成为后现代职业发展理念的核心,也是事业成功的一个重大秘诀。我们常说热爱是最好的老师,也是这个道理。事实上,在就业求职中,"没有表现出对工作的足够热情"是求职者落选的主要原因。

国外一项针对商学院毕业生的研究,追踪了 1500 人毕业后 20 年间的职业生活。一开始,这些毕业生被分成两组,第一组的人想先赚到钱,在解决了财务上的后顾之忧后才去做真正想做的事;第二组的人则先追求他们真正的兴趣,认为这样财源自然会涌现。想先赚钱的第一组在 1500 人中占了83%,甘愿冒风险追求个人兴趣的第二组只占 17%。20 年后,这群人中共产生了 101 名百万富翁,其中只有 1 个人属于第一组,其余 100 人均来自第二组。

而国内的成功商业人士冯仑也有着同样的发现:"我研究过很多赚了钱的人,后来发现赚最多钱的人,实际上是追求理想,顺便赚钱的人,但是他们顺便赚的钱,比只追求金钱、顺便谈理想的人要多。"比尔·盖茨就是其中一个,他退学创业的最初动机是"让每个人的书桌上都有一台电脑",而不是成为世界首富,但在实现这个理想的不懈坚持中,他意外地成了世界首富。

毋庸置疑,要找到自我兴趣,就必须发挥情商:让它帮助你在自己的情绪体验中敏锐识别出哪些事情可以给你带来持续的快乐,让它帮助你排除干扰,独立地自我决断,让它激励你为实现自己最大的潜能而不断努力。

同样重要的是,情商高会让一个人在经受困难和压力时,能积极主动地应对压力,保持自驱力的充沛状态。

心理学研究发现,一个人的效能表现和他所承受的压力之间,存在一个倒 U 型曲线的关系。

没有压力就会导致心理动力不足,潜能得不到充分发挥,也就是所谓的"人无压力轻飘飘"。适当的压力,则可能成为动力,激励人自我提升,这种健康的、能给人带来积极感受的压力称作"正面压力",比如初当父母或者刚开始一个新工作时,很多人都有这样的心理状态。

当一个人感到的压力过大,比如生病,心爱的人过世,工作遇到难以解决的麻烦时,他的效能就会逐步下降,出现心理亚健康状态——心烦意乱,做什么都提不起精神,甚至感到精力耗竭,这样的压力就是"负面压力"。在这个阶段,人的状态还是可逆的,可以通过正确的心理调适,恢复理想的效能表现。但如果不能及时应对,发展到一定程度,就会导致压力危机,甚至心理崩溃,进入一种病态,修复的难度就大了很多。

　　一个情商高的人,就是驾驭这条曲线的高手。因为对压力的包容度较高,所以能与正面压力为友,笑对挑战,变压力为动力;同时,因为对自己的情绪保持敏锐的察觉,他能及时做出调适,不至于出现身体或情绪症状;即便出现心理亚健康的时候,他也能有效地克服焦虑,乐观冷静地管理负面压力,做到"泰山崩于前而色不改",而不是沉溺于无助感和无望感。古人越王勾践就是一个这方面的典范。在被吴王夫差打败后,他在受辱亡国的巨大压力下,用卧薪尝胆来激励自己,并终于在 20 年后以弱胜强吞并了吴国。没有一个强国雪耻的动机支撑,他可能早就崩溃了。

　　而对于情商低的人,压力常常会引起焦虑。焦虑会分散注意力,并引发睡眠障碍等身体问题,导致决策困难,精神不振,最终削弱在工作生活中的整体表现。

　　2011 年一项针对 13 个国家、超过 11000 家企业的全球调查显示,58%的公司员工在过去两年工作压力有明显上升,中国 86% 的受调查员工表示工作压力过大,位居增幅榜首。这不禁叫我担心起来,要把这么多的"鸭梨"放冰箱冻起来,中国员工的情商够不够用?

魔力悄悄话

　　人生成功的一个重大秘诀是:发现你最热爱做什么,然后找到愿意付钱让你做这个事的人。一个情商高的人,就是能运用这个秘诀的高手。因为对压力的包容度较高,所以能与正面压力为友,笑对挑战,变压力为动力;

三、该出手就出手的行动力

在英文中,"动机"一词与"情绪"有着相同的词根"motere",它是行动的意思。这似乎也暗合了动机和情绪能催生行动力。而动机与情绪又是密不可分,按情绪可以把动机大致分为两类:趋利和避害。前者是追求"利"的快乐,后者是逃避"害"的痛苦。

2005 年 3 月,时任框架传媒董事长兼 CEO 的谭智出现在分众传媒公司的办公室,对董事长江南春说:"我计划将北京、上海、广州、深圳四地的 10 多家电梯海报公司整合成一家,并将这家公司推出上市。"江南春听后一笑置之,认为这几乎是一个不可能完成的任务。

这时,谭智对框架传媒的估值是 6000 万元。忙了几个月后,谭智如愿完成了并购整合,取得了超过 90% 的市场占有率。这时他又一次对公司进行了估值,已高达 2 亿元。到 8 月份,他再次约见刚刚带领分众传媒在纳斯达克上市的江南春,告诉他框架传媒面临的 3 个选择:独立上市,卖给分众,与当时分众的最大竞争对手聚众传媒整合。江南春意识到分众传媒此时别无选择,谭智的飞速整合已为他赢得了主动权。

经过紧锣密鼓的谈判后,刚刚上市 3 个月的分众传媒最终出价 1.83 亿美元收购了框架传媒。谭智选择了按每股 24 美元的股价换股,而当他最后一次出售所持的股权时,每股股价已经足足高出了 5 倍——也就是说,他用 5000 万人民币发起的整合,最终在资本市场上兑现了 5 亿美元!

这就是趋利带来的行动力,而谭智的行动力演绎了一个资本运作的神话,也因此被哈佛商学院收录为经典案例。

全美航空公司的机长切斯利·舒伦伯格则为我们演示了避害带来的行动力。2009 年 1 月 15 日纽约当地时间下午 3 时 30 分左右,切斯利驾驶的客机在起飞后遇到了飞鸟撞击,其中一个引擎失灵,飞机必须紧急迫降于纽约哈德逊河中——这无异于宣布了机上全部人员的死刑,因为在此之前,大型飞机成功迫降河面的情况在世界范围内几无先例。

但切斯利做到了,为机上155人赢得了生机。据乘客回忆说:"降落造成的冲击并不比汽车追尾猛烈多少。人们只是被抛进了前一排的座椅里。"后据媒体报道,他曾在美国空军服役29年,驾驶过F-4战斗机,还曾研究过心理学,知道在危急状况下如何让机组人员保持工作状态。这就难怪,在事后公布的飞机迫降前机长与地面控制人员的对话录音中,切斯利的声音镇静、缓慢而有力,表现十分沉着,没有丝毫的惊慌失措。

谭智和切斯利两人令人赞叹的行动力,俨然再一次印证了梅耶和萨洛维的理论:当情绪、动机和社会需求协调一致的时候,我们就拥有了能量。

提到分众传媒,叫我不禁再一次联想起我的一个MBA同学。他是做传媒出身,还曾在顶级公关广告公司任职。有一次在电梯上,他异常兴奋地比划着:应该在这挂一块屏幕,只播放广告。我一想,对啊,人在电梯里,正愁眼神没处放呢。这位同学更兴奋了,"要不毕业回国后我就去做视频广告,绝对是一个大business(生意)。"

说这话时,是2001年,比江南春成立分众传媒的时间还早了2年。当看到分众传媒在美国上市时,我就格外地为这位同学惋惜。所以,创投界格外看重行动力而非创意,也是不无道理。创意再新奇再合理,没有执行落地,充其量也不过是些脑力游戏罢了。

缺乏行动力,常常表现为所谓的"拖延症"。对此,加拿大心理学教授皮尔斯·斯蒂尔博士进行了10多年的研究,他对691篇关于拖延症的专业文献进行分析后,总结出了一个拖延症计算公式:

$$U = EV/ID$$

其中,U代表效用,是一个人完成任务的最终程度,E代表他对成功完成任务的信心,V代表他对任务所感受到的愉悦程度,I代表他的分心程度,D则代表得到回报所需的等待时间。

这个公式也揭示出,拖延症其实是一种"情绪病"。信心不足源自对失败的恐惧,心态消极导致兴致不高,都是行动力的直接杀手。

我们对某知名跨国企业在华高管的情商测评也印证了情绪对行动力存在影响。该公司高层认为这些在华高管"行动力不足",领导力有待改善,而他们的情商领导力测评也显示,在"行动力"一项上有60%的人得到的是"建议改善"或"有待改善"的结果。

从他们的测评结果,我们找到了这背后的情商原因:他们的整体情商状况不尽如人意,而且,在与行动力关系密切的"坚定果断""独立性"和"乐观精神"这3项指标上,得分也均低于领导者人群的平均水平。

同时,在对结果进行进一步分析时,我们还发现,在"快乐心态"这项情商指标上,行动力"有效或出色"的高管比"建议改善或有待改善"的高管平均高出9分;而在"建议改善"(也就是行动力最差)的人中,"快乐心态"的得分低于平均水平的人数比例也是4组中最高的,达到75%。这表明,心态的快乐与否一定程度上已经影响到这些高管的行动力。

美国心理学家克里夫·萨让和理查德·戴维森对大脑的研究也从生理层面证明了这一点。他们发现,虽然人的情绪源自边缘系统("情绪脑"),但情绪的表达则是由前额皮质("思考脑")来管理的。恐惧、厌恶等令人畏缩不前的负面情绪由右侧的前额皮质掌控,像快乐、开心这一类更积极的情绪则是由左侧发出。左前额的神经回路被激活后,在人遇到挫折和障碍时,这些神经回路所发出的积极情绪就会提醒他目标实现后的愉悦,以此驱动他克服困难,达成目标。"重金之下,必有勇夫",就是这种现象。相反,右前额被激发后,则会起到"行为抑制器"的作用,会使人踌躇不前,遇到困难时也容易放弃。

看来,要有行动力,就必须激活我们的左前额。那么怎样才能有这个神力呢?萨让和戴维森博士也揭开了这个秘密:人只要一想到实现有意义的目标或者更宏大的人生意义,左前额的神经回路就开始释放积极情绪了!由此可以推断,"干我所爱,爱我所干"就应该是治疗拖延症的一副好解药。

魔力悄悄话

人只要一想到实现有意义的目标或者更宏大的人生意义,左前额的神经回路就开始释放积极情绪了!由此可以推断,"干我所爱,爱我所干"就应该是治疗拖延症的一副好解药。行动又激发梦想,这种相互依存制造了生存的最高形式。

四、逆来可以顺受的抗挫力

被誉为"西方音乐之父"的德国作曲家巴赫,有一首著名的咏叹调作品《G弦之歌》。据传,它的诞生是因为巴赫在一次演奏时遇到的麻烦:大提琴被做了手脚,除了G弦之外所有弦都断了,但当人们面面相觑的时候,巴赫却用仅剩的一根G弦,即兴演奏了这个动人的乐章。

遇到倒霉事儿,能不能扛住,靠的就是抗挫力。抗挫力强,才可以在逆境中生存,让坏事情孕育出好结果。

2011年6月,某银行宜昌分行员工许刚在家中服用安眠药自杀。许刚的一位同事怀疑,他的自杀跟没能完成拉存款任务有关。据这位同事在天涯论坛爆料,因为没有完成任务,许刚在民生银行工作期间连座位都没有,他生前曾告诉同事,领导经常不给他好脸色,对许刚发的短信,也完全不搭理,拉来存款就笑脸相迎,拉不来存款就冷眼相待。

许刚自杀前给他的一个客户发了一个短信:"非常对不起您,由于我连续两个月的任务未完成已被民生银行辞退,对我打击很大。面对这么多支持和关照我的朋友和长辈都跟亲人一样,我无颜面对,我在这里感谢您和王总对我的厚爱,无以报答,只有衷心祝福您两位身体永远安康。拜托您转告王总,小许对不住他了,谢谢!"

被辞退就自杀,这个年轻人的抗挫力还是太弱了,成了现在职场上常见的"草莓族"——外表光鲜却禁不住压,一压就烂了。

相比之下,俞敏洪就坚强得多。"进了大学,没有一个女孩爱上过我,我是个Loser(失败者);在北大教了7年书没有什么成就,我还是个Loser;在北大10年没参加过任何活动、没加入过任何团体,我是个Loser"可就是这么个失意书生,后来却创建了新东方教育集团,在公司上市后,身价达到1.65亿美元,成为"中国最富有的老师"。

俞敏洪连续3年参加高考,才最终考进北大,到了北大,成了班上唯一一个从农村来的学生。因为不会讲普通话,第一次开班会轮到他作自我介绍,班上的同学抗议说:你能不能不讲日语? 于是,俞敏洪就用了一年时间跟着收音机模仿电台的播音。

俞敏洪上的是英语专业,在入校分班的时候,因为高考英语分数不低,被分到了 A 班,但一个月后,就被调到了 C 班——语音语调及听力障碍班。因为英语老师当众说他讲的英语"只有俞敏洪 3 个字能让人听懂"。于是,俞敏洪就一天背十几个小时的英语,几乎每天都比其他同学多学一两个小时。

以班内最后几名的成绩毕业,俞敏洪仍能坦然面对,在毕业典礼上他对同学说:"我是落后同学,但我想让同学们放心,我决不放弃。你们 5 年干成的事情我干 10 年,你们 10 年干成的我干 20 年,你们 20 年干成的我干 40年。如果实在不行,我会保持心情愉快、身体健康,到 80 岁以后把你们送走我再走。"

在 2000 ~ 2004 年间,俞敏洪迎来了新东方最困难的时期:"9·11"恐怖袭击事件严重影响了留学市场;"非典"袭击,新东方停课 4 个月,损失过亿元;遭美国 ETS 公司(美国教育考试服务中心)诉讼,赔付 300 多万元人民币。

在这个时候,新东方的核心团队也相继请辞出走。但坚强的俞敏洪都扛过来了。

"在绝望中寻找希望",是俞敏洪的一句名言,也是对他的抗挫力的最好诠释。

那么,一个人的抗挫力究竟是从哪儿来的呢? 是不是有人就是天生坚强,有的人注定敏感脆弱?

曾有一位美国教授在演讲时拿出 20 美元,他问谁要这张钞票,听众纷纷举手。这时教授把钱扔在地上,用脚使劲儿踩过,又问谁还要,仍然有听众举手。

教授说,我这样对待这张钞票,你们依旧想要,这是因为它没有因为我的践踏而贬值。人生的价值亦是如此,它取决于我们自身,而不是他人的赞赏或批评。

这位教授讲的,就是情商所包含的"自视"。健康的自视,就是既了解和欣赏自己的优点,也承认和接受自己的不足,只有这样,才能不卑不亢、泰然处世。

一个人如果自视出了问题,他就对自己的价值产生怀疑,因而自卑抑郁,焦虑不安,甚至愤世厌生。好面子、怕批评也多源于此。

根据美国著名精神分析学家埃里克森的理论,人一生的社会心理发展,从出生开始会伴随着年龄的增长经历不同阶段,在每个阶段又会面临不同的心理危机。

如果一个阶段上的危机没有得到充分解决,那么它导致的恶果就会积存下来,影响到随后的人生阶段。

从这个表中我们不难看出,青春期之前是一个人形成自我认同和自我价值感的关键时期。

如果一个孩子建立了健康的自视,就等于为他一生的心智成长奠定了基石;相反,如果自视出了问题,就等于没有一个牢固的心理支撑,以后遇到挫折时就容易过不去那个坎儿。

我认识一个"剩女",各方面条件都不差,却迟迟不嫁,她的父母都很着急。

事实上,不是没有人追她,也不乏她心仪的人,只是一遇到人家示爱,她总会狐疑:我有什么好,他怎么会要我?导致数次与爱情婚姻擦肩而过。追根溯源,这种"恶果"却是她的父母老师种下的:她小时候脾气不好,为此没少挨父母训斥,也常常被老师批评。父母有时急了,就恨铁不成钢地说:你这个脾气,将来怎么嫁人?谁会要你?这样的修理式教育,损毁了孩子的自我价值,她得到的却是"不配得感"。

而我的另一个朋友曹君洋,从小是在父母的赏识中成长起来的,她的父母时常告诉她,即便她有缺点也仍是一个好孩子。就这样,曹君洋建立起了一个良好的自视,具备了一种自在从容的气质。

她在30多岁的时候去应聘一家政府服务机构,完全属于明知不可为而为之,因为她的条件并不理想,而且有两处硬伤:年龄超标,本科就读的不是名校。当在面试中被问到这两个问题时,她是这么回答的:

"我认为,对于在一个服务机构工作,年龄大不是劣势而是优势。比如,一个简单的'你好'、'谢谢',我会比年轻没有足够生活阅历的人说得有内涵,有感染力。同样的工资,更多的经验,雇用我的性价比不是更高吗?"

"我本科毕业的学校的确不是名牌,但我一直在做着令我的母校为我骄傲的努力。"

结果是,曹君洋被破格录用了,随后很快成为单位的业务骨干,没过两年,就晋升到管理岗位。

所以,我们常常对父母说,与其抱怨如今的独生子女们娇气脆弱,不如检讨一下自己,是"哪壶开提哪壶"帮孩子欣赏自己的优点,还是"爱之深责之切"地打压孩子的自尊;与其给孩子买进口奶粉送孩子上补习班,不如帮孩子建立一个健康的自视。

魔力悄悄话

帮孩子欣赏自己的优点,还是"爱之深责之切"地打压孩子的自尊;与其给孩子买进口奶粉送孩子上补习班,不如帮孩子建立一个健康的自视。因为,那是父母能给孩子的最好的礼物。

五、在知识中成长的学习力

我们在国内推广儿童情商教育的过程中,常常遇到的一个阻力就是,家长会说:我们孩子抓学习都来不及,哪还有时间学情商?其实,如果这些家长对心理学知识有些基本了解,就不会把情商和学习对立起来了。

国外的科学研究已经总结出,要达到一个最佳的学习状态,一个人必须要做到以下3点:

1.不冲动、能延迟满足;

2.能有效管理压力;

3.提高注意力和记忆力。

这其中,冲动、压力都属于情绪管理的范畴。在大脑结构里,它们都是由情感中枢也就是边缘系统来主管,而边缘系统中的海马体,又是记忆功能的主要构成器官。这样一来,就不难看出情商对学习的重大影响。事实上,美国的教育心理学家已经发现,在影响学业成绩的教育、心理、社会方面的30个因素中,对学生的学业成绩影响最大的就是社交与情绪因素。

西方心理学历史上著名的棉花糖实验,也充分证明了这一点。

1972年,美国斯坦福大学的心理学家米谢尔博士,对学校幼儿园中的600多个4~6岁的孩子,就延迟满足做了一个实验:孩子们被分别领进一个空屋子,研究人员把孩子最爱吃的一块糖果例如棉花糖放在他们的面前,并告诉孩子说,自己先要出去15分钟,如果他们能忍住不吃这块糖,等他回来后会再给他们一块,也就是说多等15分钟就可以吃到两块糖果。结果是,大约有1/3的孩子吃到了第二块糖,这些孩子为了抵制诱惑想尽了办法:捂上眼睛,转过身去,踢桌子,揪辫子,或者像拍打毛公仔一样拍打桌上的糖果。

不过这个实验并没有结束。1988年,这些孩子已经进入青春期,研究人员对他们作了第一次追踪调查,那些能忍着吃到第二块糖的孩子们,都被他们的家长认为"明显地更具学习和社交能力",这包括流利地表达,不感情用事,关心他人,有计划性,能有效地应对挫折和压力。1990年的第二次追踪调查则发现,在相当于美国高考的 SAT 考试(学术能力评估测试)中,那些能够延迟满足的孩子们比另一组孩子都有更好的表现,有 210 分的领先优势。

正因为情商对学生获得学业与生活成功的重大作用,联合国教科文组织在 2002 年开始向世界 140 个国家的教育部推广社交和情绪学习(SEL),并颁布了社交和情绪学习的十原则。根据联合国教科文组织的规定,SEL 的教育目标就是:开发学生的自我意识和自我管理技能;教会学生运用社会意识和人际关系技能,建立并保持积极的人际关系;在个体、学校、团体环境中采取正确的决策以及负责任的行为。目前,SEL 培训课程已经在全世界几十万所大、中、小学开设,在美国多州,它已经成为中小学的必修课。一项对全美 SEL 教学的汇总研究表明,加过情商学习的学生比没有参加的学生,在学年考试中,成绩要高出 14%。在国内,我们举办首期情商夏令营时,曾对 71 个中小学生学员及其家长过测评调查,在家长报告其学习成绩优秀和良好的 46 个孩子中,情商测评分高于平均分的比例为 54%,而成绩中等和偏差的 25 个孩子中,情商测得分高于平均分的比例仅为 20%。同时,如果将成绩良好、中等、偏差的个孩子与北京某市重点中学 43 个参加情商选修课的学生作对比,们发现,重点中学的学生具有明显的情商优势。这从一定程度上,也说明情商与学习成绩之间存在的关联。

事实上,情商高的孩子,因为能够自我激励,并具备抗压能力和乐观精神,在学习中就会表现出充满动力,保持兴趣,在压力之下也能目标明确,专心致志。特别是当遇到挫折时,能够及时调整,继续努力,而不是悲观沮丧,被困难所压倒。

王宝玉是 1985 年出生在大连的一个男孩,至今一直在读书,但他的求学路同时也是一个自我挑战不断突破的登高之路:小学和中学学习成绩并不突出,但考高中时却出乎所有人的意料一举考上了大连最好的重点高中;高考成绩不理想,与北大失之交臂,但在北京体育大学毕业时被保送成为北大研究生,并获得首届国家奖学金;今年尽管在中科院的心理学博士考试名列第一,他还是选择到心理学最发达的美国留学。在每一个升学节点上,王宝玉都是不甘于退而求其次,而是为了更高的目标,下定决心拼尽全力,挑战自己的潜能。

2001 年,王宝玉要参加中考了,按他平时的学习成绩,报考大连最好的 24 中学把握不大,如果报考稍差一点儿的一中会比较稳妥,甚至可以进入重点班,于是他的父母就这样替他决定了。但转天早晨,王宝玉用很严肃的口吻对父母说："我想了一夜,还是报考 24 中。24 中是大连最好的高中,我要上 24 中,不然我会后悔一辈子的。"尽管包括老师在内,没有几个人相信他能考上,但有了目标的王宝玉动力十足,自觉地付出了超常的努力:他每天晚上在书房里学习,将所有的数理化题从头做,做对了,弄明白后就撕掉,每天早晨,书房里满地都是他撕掉的纸张。最后,已经撕无可撕时,他胸有成竹地去参加中考,以总分 612.5 的优异成绩被 24 中录取,是他的学校迄今为止唯一一名进入 24 中的学生。

著名的心理学家费利普·津巴多认为"学习,是心理体验或行为持久改变的过程"。这意味着,学习的真正收获,其实是所学之物都忘了之后剩下的东西——自驱力、毅力、能力,也就是在知识中成长的"学习力"。

对于儿子取得的一个又一个成功,王宝玉的母亲总结说:"中国有句成语,叫大智大勇。其实,大智就是智商,大勇就是情商。我们的儿子不是天才,他能走到今天的原因,就是将大智的基础打得牢靠而坚定,同时又能大勇地面对高风险的挑战。"其实,大智大勇既是王宝玉成功的保证,又何尝不是他在十几年的课业学习中收获的最具价值的财富呢?

魔力悄悄话

学习,是心理体验或行为持久改变的过程。情商高的孩子,因为能够自我激励,并具备抗压能力和乐观精神,在学习中就会表现出充满动力,保持兴趣,在压力之下也能目标明确,专心致志。

第七章
情商优化生活幸福

　　美国人戴维的成功就得益于他的和谐力。戴维只有高中学历,在学校里学习成绩不起眼,102分的智商也很平常,毕业后当上了建筑工人。但人到中年时,已是一名非常成功的建筑承包商,他周围的人对他的评价是:"一个可以与之和为之工作的大好人。"他的情商测评结果,恰好解释了在智商不突出的情况下,出色的情商如何帮戴维异军突起。

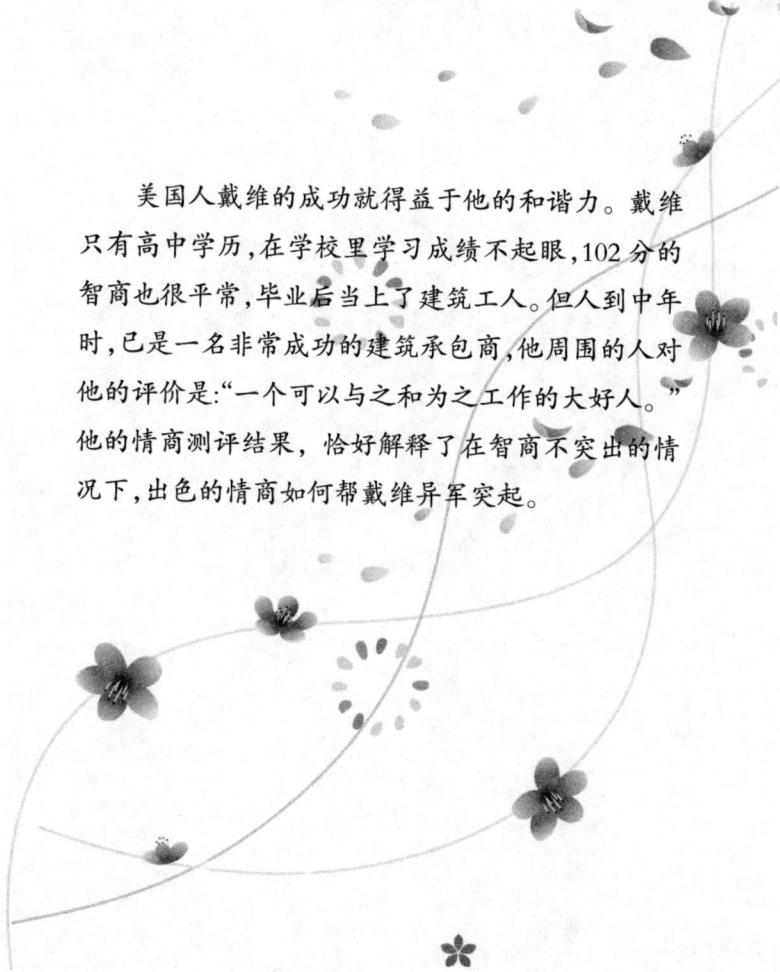

一、命已定运可转的幸福力

有一名成功的风险投资家,事业上叱咤风云的同时,他发现自己"有一个软肋,就是在情感这个方面,我个人的婚姻家庭爱情方面的问题,我觉得自己处理得挺糟糕"。这个糟糕包括,一次离异,再婚娶了一个据他称"在控制丈夫问题上义无反顾,做事出手又快又狠"的太太。

在年过半百后,这个爱好写婉约诗词的男人决心要改变这一切,为幸福争取机会。

2011 年 5 月 16 日晚,他发了一条微博:"各位亲友,各位同事,我放弃一切,和王琴私奔了。感谢大家多年的关怀和帮助,祝大家幸福!没法面对大家的期盼和信任,也没法和大家解释,也不好意思,故不告而别。叩请宽恕!功权鞠躬。"

这条被转发了 7 万余次的微博,大概能算史上最公开的私奔告示了。只可惜,短短 42 天后,私奔的男人又回到家中,尽管他坦承"非常怕"太太,但"再尴尬的事情也要面对"。

不知这个男人现在幸福吗?但从这次私奔活报剧中,我们至少看到了在自主掌控自己的爱情婚姻上,他确实"挺糟糕"。这让我想起一个南方朋友的口头禅:"没有贴对门神!"

关于爱情、婚姻、家庭,古往今来有着不尽的传说令人向往,也有着无数的陷阱让人悔不当初。

可依我看,归纳一下也并不复杂。一条道走到黑也好,情路坎坷兜兜转转也罢,只要走进婚姻的围城,传统"成家过日子"的生活也不过就是 4 种可能:与相爱的人过日子,与自己爱的人过日子,与爱自己的人过日子,与互不相爱的人过日子。

每一种日子都各有利弊,每一种日子也都能过成好日子,就看你肯不肯过,过上了认不认。不肯不认的话,还可以非传统地过:独身,单亲,同居,性伴侣,老来伴……而这又要看你敢不敢了。

肯不肯，认不认，敢不敢，统统都是对情商的考试——你得清楚地知道你要的是什么，你得坚定果断地对你不要的说不，你得把幸福握在自己手里而不依赖别人成全。说到底，你得有勇气最大限度地过自己想过的日子。

恋爱、结婚、生子是人生旅途上的几个决定性事件，在每一个关口上你所做出的选择，就决定了你的人生走向。毫不夸张地说，你今天或快乐或痛苦或纠结或麻木的生活面貌，就是你的每一次通关成绩堆积而成的。

美国从事幸福研究的肯南·塞尔顿博士发现，做出选择比其他任何事都能让人感觉更好，这种掌控感包括感到自主、有能力和自尊，它们在 11 种令人身心愉悦的感受中排在前三位。

我有一个朋友，和她丈夫当年是同班同学，大学毕业后她分配到外地干一个不如意的工作。

身为班长的丈夫不断写信鼓励她，待他求爱时，她虽然没有恋爱的感觉，可又觉得他对自己这么好，怎么好意思回绝，结果，用她的话说"就这么稀里糊涂地嫁了"。

可是，有家有业人到中年后，有一天她突然说，如果现在遇到一个对的人，就是抛家舍业我也会跟他走。说这话时，她脸上浮现出的竟是少女一般的神往。她说，今天的不幸福，是对自己当初放弃选择的惩罚。这正应了美国家庭心理专家约翰·高特曼博士的一个发现：以回报对方为责任，并非幸福婚姻的特点，反而多见于不幸婚姻关系中。

那么，如何才能做出适合自己的正确选择呢？美国心理专家威尔士博士的"10—10—10 人生抉择策略"是很好的参考：在面临选择时，想象一下在未来的 10 分钟、10 个月以及 10 年时间期限内，你眼下做出的选择会导致何种结局。对未来作这样的预测，会帮你意识到什么对你更重要，从而做出不至于悔不当初的选择。

朱晓是我认识的一个媒体人，我出国前他在杂志社做主笔。他饱读诗书，文采斐然，是一个出名的业务高手。待十几年后我回国再见到他时，他已经在一个集团公司做了高管，职位高了，人却愁眉苦脸。问其原因，原来是带团队、管琐事、与老板沟通等等叫他不胜其烦。他说现在就盼着早一点儿退休回家，守着自己的一屋子书，写点赏心悦目的文章。

他的情商测评结果也显示出，他很不快乐，对自己的状态并不满意。EQ－i 情商测评中的"快乐心态"，是情商的最后一个指标，也是其他 14 个指标共同作用的结果。如果这项低，就表明前面的 14 项技能无论强弱，都没有真正有效地发挥。例如他的"情感自察"很高,如果管理情绪的能力不配套,就会对工作中的不如意格外敏感而且会把沮丧的情绪发酵放大。雪上加霜的是,他的"自视"不仅没有强大到可以抵御不良情绪的侵袭,而相反却很低,这预示着他会很难接受自己的"不行"或者耿耿于怀而忽略了自身的优势。这些叠加在一起,就势必导致了他的不快乐。

左边这张图是他的情商与一般同龄人比较得出的结果,虽然不理想,但大致还算平衡。对于从事文字工作,情感自察恰恰还是他的情商优势,不快乐或许还能帮助他写出针砭时弊的精彩之作。但这样的情商状况相对于管理岗位的要求,却是扬短避长,勉为其难。右边这张图就是他的情商与同龄领导者比较后得出的结果,暴露出他在领导力方面的明显薄弱。特别是,作为一个高管,他的情感自察这么高的同时,抗压能力又这么低,哪里还会有幸福感可言呢?

现在很多职场人士会出现职业倦怠甚至衰竭,更有不少人会陷入中年危机的泥潭,男性尤甚。我认识一位成功的职业经理人,他名牌大学毕业后顺利进入外企,在500强企业一路打拼到了中国人所能取得的最高职位。但人到中年他却突然发现,现在每天做的工作不过是应付差事,用他的话说:"是tasks(任务),不是passion(激情)。"

出现这种工作成为牢笼的情况,根本原因就在于他们所从事的工作或者正在过的生活,与其内心的声音不一致。而对这个不一致,肯定早有情绪敲出了警钟。他们或者是对情绪失察,或者是察觉了也熟视无睹,或是碍于虚荣面子置之不理,日积月累,自然就会差之毫厘谬以千里,到头来落得个作茧自缚了。

相反,听从内心的声音,做起事来会"心神合一",会体会到一种"神驰"(FLOW)的心理状态——被所做的事情深深吸引,因高度投入而浑然忘我,因全心专注而废寝忘食,甚至感受不到时间的存在。

在这种神驰中,不仅处理任何事情都能够得心应手,而且还会体验到强烈的愉悦感,感到工作是幸福的。著有《发现神驰》一书的塞科斯赞特米哈利博士认为,只有当一个人的技能和资源与他要面对的挑战相匹配时,才会达到神驰的心理状态。

那么,如何选择职业,才能让工作也成为幸福的源泉呢?加拿大职业咨询权威艾缪森博士的"职业方向盘"可以作为参考:在选择职业角色时,通过全面考量自己的技能、兴趣、价值观和个人风格等4个内在因素,以及学习经历、职业、生活经历、职业机会和重要他人 4 个外在因素，更好地理解如何在人生中发挥并优化自己的才能，同时更深刻地理解自身生活经历所蕴含的意义，并将这种意义融化在自己的选择中。

魔力悄悄话

在人生的牌戏中，拿到一手好牌不算成功，能把一副坏牌打好才是成功。青少年要更好地理解如何在人生中发挥并优化自己的才能，同时更深刻地理解自身生活经历所蕴含的意义，并将这种意义融化在自己的选择中。

二、野火烧不尽的生命力

我一个朋友的母亲,年过七旬,却突然遭遇了一场车祸,被撞得肝也裂了,脊椎也碎了。医生全力抢救后,对我朋友说,我们尽力了,能不能活很难说。过了两周,医生说,看起来能活了,但不敢保证会不会成为植物人。就这样,老太太足足昏迷了20天,浑身上下插满了管子。有一天,朋友看见老太太手脚动了,但医生说,这也并不意味着以后就能下地走路。

但是,老太太硬是挺过来了。3个月后,带着脊椎上的两个钢架,她自己走进了家门。

回家后,她开始了漫长的康复治疗。其中一项是接受创伤后的心理辅导。心理医生到了她家,开口问的第一个问题是:"你有没有自杀的念头?"

"我好不容易刚活过来,还会想自杀?"老太太是山东人,说起话来,口音和口气都透着胶东大娘的爽朗和豪迈。听她绘声绘色地描述,我当时都笑岔了气儿。她是我见过的最爱笑的老人,我不由得猜想,正是靠着这股乐呵劲儿,老太太捡回了一条命。

国外的情商研究的确发现,情商高的病人比情商低的人能更快地从病痛中康复。斯蒂文·斯坦博士曾对3829个参加过EQ－i情商测评的人做过一项调查,问他们应对伤病问题的能力如何,其中2715人认为自己在这方面很不错,1114人认为不太好。这两组人的情商测评结果一对比,就显出了差距:在每一项情商技能上,前者都要比后者平均高出10分,相差最大的3项就是抗压能力、乐观精神和灵活性。

情商高,不仅对伤病康复有帮助,而且还能使人更健康地应对日常的压力,而不至于出现健康问题。

美国行为医学专家丹尼尔－布朗在研究压力和疾病的关系时发现,我们身体中有着应激功能的自动神经系统,掌管着肌肉张力、心率和血管舒缩。每一次压力都会引发这个自动神经系统做出反应,我们的肌肉张力、心率和血管舒缩也随之发生变化。当外部刺激停止,自动神经系统才解除警报,经过一段时间的休息,肌肉张力、心率和血管舒缩才会回到它们的基础水平。这个激活、消停、恢复的模式,在我们每次经受压力时,都会重复一遍。

当我们经历一系列的压力事件时,就相当于自动神经系统一直保持着激活状态,直到精疲力竭,被迫休息。如果一而再再而三地这样,就会引起自动神经系统的不规律和不平衡,以保证细胞高度活跃,无须太多刺激也能做出反应。如此一来,肌肉张力也变得不规律,血液流动也失去平衡。长此以往,病就找上门来了。在短期内经受一些诸如中彩票、破财、失恋、亲人离世等人生变故的人,在随后几年里患病的概率就大了很多。对于情绪对身体造成的危害,中国古代的《黄帝内经》也指出"怒伤肝,喜伤心,忧伤肺,思伤脾,恐伤肾"。

尽管压力能致病,但说到底,允许压力发挥致病威力的,仍是自己。有的人在压力极大的情形里,几乎没有什么生理反应,而有些人在谈不上压力的情形里,仍会产生自动神经反应。因此,布朗认为,压力致病并不在于压力本身,而在于我们自己是健康应对还是不健康地应对。

哈佛大学从20世纪40年代开始做过一个实验,参加实验的学生被按照他们所写的文章分为乐观和悲观两组。30年后,研究人员对这些人毕业后的健康历史进行跟踪研究,结果发现,从40岁开始悲观学生就比乐观学生出现更严重的疾病和健康问题。

主动积极地解决问题,换个角度把问题看开、放下,跟他人谈论压力带来的情绪问题,都是健康应对的做法。而不健康的应对,则是对问题采取鸵鸟政策,以为问题会自动消失,或是总想着逃避。可关键是,即便想法能躲走,但身体其实仍会有反应。怨天尤人,或对问题变得麻木,也是不健康的应对。

在健康应对压力方面,我们都应该向邓小平学习。众所周知,他的政治生涯经历过三下三上,在73岁重返政坛,成为中国改革开放的总设计师。这样的传奇,在世界政坛上也属罕见。用他自己的话说:"如果给政治上东山再起的人设立奥林匹克奖的话,我有希望获得该奖的金牌。"

在吴晗因《海瑞罢官》遭到批判时,邓小平照常和他打牌,并对他说:"教授,别这么长吁短叹的,凡事都要乐观。怕什么,天还能掉下来吗?我今年60岁了,从我参加革命到现在,经历了那么多的风浪都熬过来了。我的经验无非两条,第一不怕,第二乐观。向远看,向前看,一切都好办了。"

待到他自己被送到江西劳动改造时，他每天早上 8 点钟出发，步行半个小时到工厂，一进车间就笑眯眯地用四川话说一声："同志们早。"下班时，也不忘慢悠悠地说句："明天见。"

当时，邓小平被停发了工资，每月只能领 200 元生活费。为了节约开支，他和夫人在屋前空地上开荒种菜，还喂养了几只鸡。他每天坚持上午去工厂，下午在家读书、学习，和家人一起料理家务，黄昏落日之前还要在院中散步 40 余圈，5000 余步。空闲时，也会一个人玩玩桥牌。

邓小平辞世时已是 93 岁高龄，经历了一生的风风雨雨，还能得享天年，这么百折不挠的生命力，不能不归功于他的乐观和豁达。

俗话说："人活一口气儿"。到八宝山送别过故人后，我更相信，没了这口气，人就只是个皮囊而已。奥地利心理学家维克多'弗兰克把这口气儿称为"meaning"（意义）。被关在纳粹集中营时，他有一个发现：面对同样的苦难与死亡，那些坚持到最后的人能幸存，是因为坚信自己所经受的苦难中一定有着某种积极的"意义"，而找不到活着的"意义"的人很快就感到"没劲儿"、绝望，甚至放弃了。之所以乐观的人会越活越起劲儿，正是因为他们容易看到生活的正面意义。

关于乐观，中文里有个词叫"天性乐观"，似乎一个人乐观与否是天生的。但西方心理学却认为乐观是可以通过后天学习来获得的，积极心理学的创建者马丁'塞林格曼博士在 1991 年提出了"习得性乐观"的概念。

他的研究发现，悲观情绪有这样的"3P"特征：Permanence（永久），Pervasiveness（无处不在），Personalizing（个人化）。也就是说，悲观的人坏事会持续不断，会把他们做的每件事搞砸，而这一切都是他们自己的错。乐观的人则正好相反，他们倾向于认为苦难只是暂时的，而且一码是一码，他们相信挫败不是他们的错，而可能是环境或者他人造成的，或者仅仅是运气不够好。乐观的人会把逆境当作一次挑战而更加努力。

为了证明乐观的态度是可以通过学习来获得的，塞林格曼博士做了几项实验，其中一个是针对 10－12 岁的孩子进行的。他用了两个能预测抑郁症的指标来挑选他的实验对象：一是有轻度的抑郁表现，二是他们的父母经常吵架。符合其中任一指标的孩子有资格参加放学后的乐观培训。塞林格曼博士对他们进行为期两年的跟踪研究，结果发现：

在所有孩子中，出现中度到重度抑郁症状的比例非常高（20％－45％），但是参加过乐观训练的孩子出现中度到重度抑郁症状的比例，只是没参加训练的孩子的一半，而且，这个差别在培训刚刚结束后更为明显。不仅如此，乐观学习的益处随着时间的推移越发显现出来，到了青春期，没有参加过训练的孩子，在经受过社交遇挫、求爱被拒绝、从初中班的好学生变成高中班的末尾等挫折后，变得越来越抑郁，44%的孩子有中度到重度抑郁症状。相比之下，在参加过乐观训练的孩子中，这个比例只有22%。

由此，塞林格曼博士认为，从悲观到乐观的变化至少可以阻止抑郁症状的出现，而在青春期前对孩子进行乐观训练，是一个事半功倍的好办法。如果作个比喻，这就像为生命力打上一针情绪疫苗，为了日后能有足够的心气来应对不良情绪的侵袭。

魔力悄悄话

生命力不但在于坚持下去的能力，还在于从头再来的能力。乐观的人会把逆境当作一次挑战而更加努力。在青春期前对孩子进行乐观训练，是一个事半功倍的好办法。

第八章
情商修炼之自察

　　情商是一种能力,情商是一种创造,情商又是一种技巧。既然是技巧就有规律可循,就能掌握,就能熟能生巧。只要我们多点勇气,多点机智,多点磨练,多点感情投资,我们也会像"情商高手"一样,营造一个有利于自己生存的宽松环境,建立一个属于自己的交际圈,创造一个更好发挥自己才能的空间。

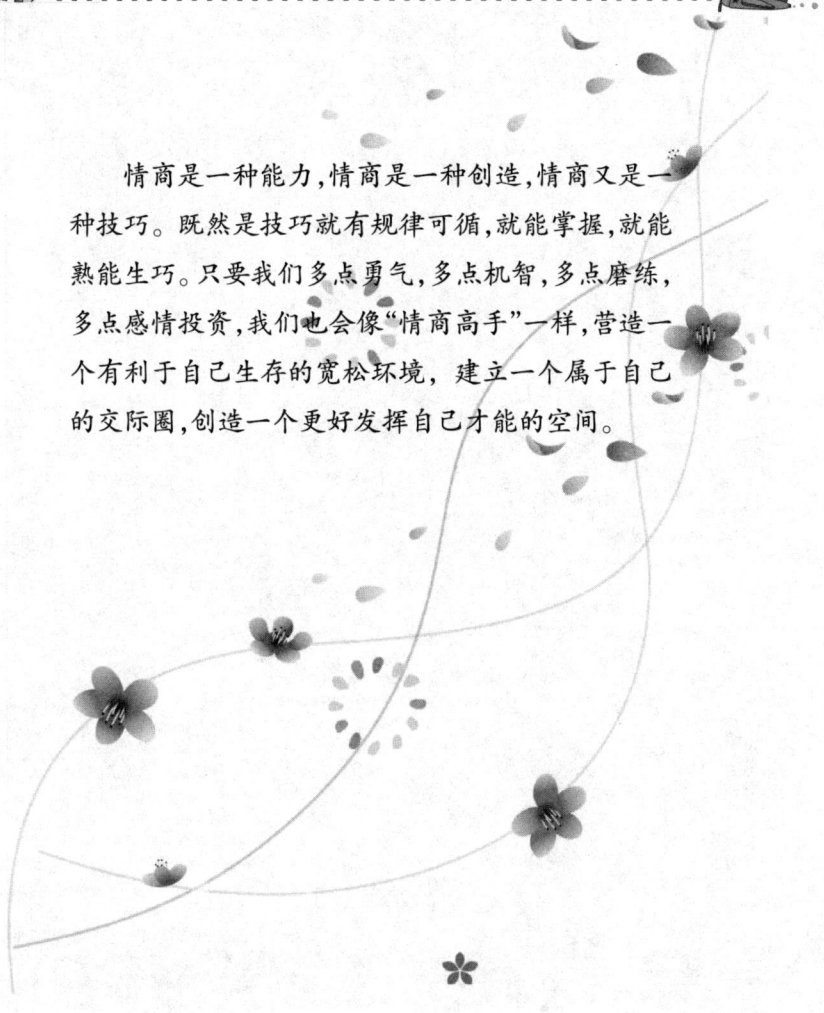

一、乔布斯的情商

据斯坦福大学管理学教授塞顿说,当听闻他要写一本关于职场"浑蛋"的书时,曾有数百个曾经与乔布斯打过交道的人,来给他讲乔布斯的混账故事。例如,曾经有个苹果用户给乔布斯写邮件,抱怨说手一握住 iPhone4 就导致信号剧降。乔布斯倒是回复了邮件,却只有一句话:"别那么拿不就行了。"

苹果公司的原始投资人洛克也曾在公开场合多次透露过:当年公司董事会决定将乔布斯扫地出门,也是因为他那时的表现已经"失控"。

但就是这个"浑蛋"乔布斯,在人间留下了一个苹果传奇。既然情商是成功的不二法则,情商有明显瑕疵的乔布斯怎么也能改变世界呢?

塞顿教授在总结了乔布斯的那些混账故事并研究了他的传记后发现,容易引起乔布斯愤怒的事情主要有两类:一类跟美有关,另一类跟用户的方便度有关。例如,他曾因电脑里一个螺栓的颜色而不悦,因为他想给那些有机会拆开电脑的技工和电脑控们造成一个漂亮的印象。还有一个传闻说,因苹果店的小小购物袋,他把一个员工给炒了,因为袋子的颜色和质量不入他的法眼。

可关键是,即便那些被他的坏脾气冒犯的人也承认,乔布斯几乎总是对的,就算他错了,也错得那么有创意,那么令人拍案惊奇。据说,乔布斯会在品尝过两只梨后,说出一个味道是他吃过最好的,另一个则味同嚼蜡,而在旁人眼里,两只梨根本没有什么区别。

从乔布斯的吹毛求疵中,包括对他有微词的人都不难看到,正是乔布斯对人类情感体验的超级敏感,给了苹果一个巨大的优势。

当乔布斯重新掌管苹果并将公司产品方向调整为大众电子消费品后,他对情感的精准理解和对完美的孜孜以求,赋予了 iPod、iPhone. iPad(苹果公司出品的一款平板电脑)令人无法抵御的吸引力,这使他不仅完成了苹果公司的王者归来,甚至还颠覆了电脑、音乐、娱乐、通信等行业的游戏规则。

更不可思议的是,由于对人们日常工作和娱乐工具的重新塑造,乔布斯本人被视为一个文化大师,被无数的"果粉"顶礼膜拜。在竞争白热化的电子产品市场上,有哪一个品牌的电脑曾卖到脱销? 有哪一款手机的上市,会令消费者连夜排队等着抢购? 这些,唯有苹果做到了。

2007 年,苹果推出 iPhone 手机。在发布会上,乔布斯是这样向与会者介绍这款新产品的:

我们从革命性的用户界面出发,重新发明了手机。我们为什么需要革命性的用户界面? 这里有 4 款最常见的智能手机……它们的用户界面有什么问题? 问题在于界面下方 40% 的部分。关键就在这里:不管你是否需要,它们都有键盘,它们都有固定的控制键,每一种功能使用的按键都一样……如果 6 个月后你想到一个了不起的设计,但你却无法新增按键,因为它们已经定型了,你该怎么办?

对于消费者来说,任何产品再专业再创新,都不是他们真正关注的焦点,人们只关心产品能不能解决问题,提高生活品质。而乔布斯精准地抓住了这个心理,没有直接介绍产品,而是从用户体验说起,表明对消费者使用手机时的烦恼感同身受,三言两语就拉近了与听众的心理距离。随即他再水到渠成地提出解决方案,就很容易博得认同了:

我们的做法就是干脆不要按键了,只保留一个大大的荧屏! 我们如何使用这样的通信装置呢? 任何人都不想随身携带鼠标,那我们应该怎么办? ……我们使用全世界最好的指示装置,一种我们天生就有而且还有 10 只的装置,那就是我们的手指……它像变魔术一样神奇,你不需要触控笔,它远比过去任何触控装置都来得精确,会忽略无心的触碰,可以说是超级智能……

参加完这个发布会,一个曾与乔布斯共事的电脑业资深人士评价说:乔布斯理解人的欲望。当这样的人说"我从来不作市场调研,因为消费者不知道他们想要什么",大概也不会有谁再计较这话说得有没有情商了。

乔布斯年轻时曾混迹于嬉皮士之间,服用过迷幻药,后又信奉了佛教,还专门跑到印度去修行。即便是在硅谷醉心于产品创新时,也会花上几个星期跑到深山中的禅宗寺院里面壁冥想。对此,乔布斯的理论是:"一个人越充分理解人性的体验,(产品)设计得就越好。"众所周知,他从大学休学后去学了书法,只是因为"书法的美好、历史感与艺术感是科学所无法捕捉的,我觉得那很迷人。"10 年后他首创的 Mac 电脑(苹果公司出品的一款电脑),

成了第一台能印刷出漂亮字体的计算机。

对人类情感的敏锐和对自己内心声音的忠实,成就了乔布斯,正如他自己所说:"你的时间有限,所以不要浪费时间活在别人的生活里。不要被信条所惑——盲从信条就是活在别人的思考结果里。不要让别人的意见淹没你内在的心声。最重要的是,拥有跟随内心与直觉的勇气,你的内心与直觉多少已经知道你真正想要成为什么样的人,任何其他事物都是次要的。"

乔布斯在情感自察上的"一招鲜",赋予了苹果产品令人如痴如醉的魔力,也帮他圆满完成了"在世间留点儿印记"的人生使命。

魔力悄悄话

情感自察,是管理情绪的前提,也自然成为情商开发的起点。对人类情感的敏锐和对自己内心声音的忠实,成就了乔布斯,正如他自己所说:"你的时间有限,所以不要浪费时间活在别人的生活里。不要被信条所惑——盲从信条就是活在别人的思考结果里。

二、情绪的触发点

美国研究人员曾统计 50 余万人的情商测评结果,发现只有 36% 的人能够在情绪发生时准确地识别,有 2/3 的人属于典型的被情绪所控制。

小李要飞去另一个城市会见女朋友的父母,他赶到机场时,乘客都已经登机了。他把登机牌递给值机的乘务员.她看了看说,要等第 9 排后的乘客先登机,你要先等一等。小李的座位是在第 8 排,他觉得就差一排,何况又没有其他乘客了,乘务员没必要这么教条,但乘务员坚持履行程序,看到周围空无一人,小李感到这个乘务员不可理喻,对她产生了反感。

上了飞机,小李试图把随身带的行李塞到头顶上的行李厢里,但因为尺寸太大,怎么也塞不进去。这时,那个乘务员走了过来,仍然公事公办地告诉小李,这么大的行李需要托运,小李置之不理,乘务员又对他说了一遍,这时小李有些不耐烦了,说:"我不会托运的,好吗?"

"先生,你没必要提高你的音量。"

"我没提高我的音量,"小李一听开始蹿火,然后故意提高音量喊起来,"这样才是提高我的音量。"然后他告诉乘务员,他不想托运,因为他曾经托运过一回,而且同是这家航空公司,却把他的行李弄丢了。

乘务员说:"我可以保证你的行李会很安全地跟其他行李一起放在飞机下面的货舱里。"

小李不以为然:"真的吗? 你怎么知道我的行李和其他行李在下面会很安全? 你会自己把我的包拿到飞机下面吗? 你现在就会到外面和那些地面人员一起把我的行李放到下面吗?"

乘务员诚实地说:"不会。"

小李更加恼火:"好吧,那就闭上你的嘴,好好听我说,当我说不托运,那就是我不会托运。"接着继续往行李厢里塞他的行李。

乘务员伸手阻止他,坚持说:"先生,我们有规定,如果带到飞机上的行李太大,我们……"

这下,小李急了,冲着她咆哮起来:"把你的脏爪子从我的包上拿开,里面又不是有炸弹,我又不想炸掉这架飞机。我只是想按照你们的规定放好我的行李。"乘务员几次试图打断他,但都无济于事,小李的愤怒如连珠炮一般喷射了出来,"如果你肯花点儿心思干点儿正事,别那么装腔作势,也许你就可以看到我是一个有感情的人,我必须做我想做的!我想做的就是抱着我的包,不去听你的废话!拿走我的包只有一个方法,就是你过来这边把我的手指撬开,怎么样?如果你能从我手中抢过去,它就是你的了。如果你做不到,那就歇菜吧,"

这一通发泄,叫小李感到了些许痛快。但结果是,他被强行赶下了飞机。

这是美国电影《拜见岳父大人》里的一个场景,但在现实生活中,我们很多人都有过类似的经验,在生气的时候说出、做出伤害自己或者别人的事情,等到气头一过,回想起自己说过的话和做过的事,才猛然发现已经造成了无法挽回的后果,不禁又后悔莫及。这种过激反应的情形,经常被视为暴脾气、头脑发热和行事不过脑子,其实就是我们在第二部分里说到的"情绪劫持",它可以几秒钟结束,也可能持续几个星期。

有人曾开玩笑地说:遇事时,理智的人让血液进入大脑,让他头脑清醒,能聪明地思考问题,选择得当的举止;野蛮的人则是让血液进入四肢和舌头,令大脑空虚,他就会暴躁冲动,口不择言,说蠢话做蠢事。

事实上,心理学实验确实证明了,当我们被刺激得过度紧张时,血液的确会离开大脑皮层。这时,情绪脑甚至更来自本能的植物脑就起主导作用了,使我们像低级动物一样行事,完全不像一个有理智能思考的社会人。

"情绪劫持"的首犯,就是对情绪的失察。像电影里的这个小伙子,没能发现自己的愤怒和攻击冲动,遇事保持镇静,为愤怒、攻击性、敌视及不负责的行为及时踩刹车,就是因为他没有意识到自己对于要拜见岳父母有些紧张,对刻板的空姐已心生反感,对这家丢过自己行李的航空公司还留有积怨。结果,再次遇到行李问题,再次遭遇反感的空姐时,这根情绪雷管一点就着了。

情感自察能力,能够帮助我们在情绪接近爆发、感觉快要失去理智时,意识到自己被情绪劫持了。这样才有可能对"热情绪"进行冷处理,使自己平静下来,从而让血液留在大脑里,做出理智的行为。

除非是已经得道成仙,否则我们每个人都会被某些事情动容。挖出这些潜伏的地雷,我们的情感自察就会更敏锐。现在可以做这样一个练习:在一张纸上写下焦虑、愤怒、沮丧和幸福这4个词——这也是我们的4类基本情绪,然后在每个词后面分别写下你最近感受到这种情绪时的情形,伴随那种情绪而来的身体反应,以及你在当时的所思所想。按照些情绪的强度打分,得分最高的大概就是你最容易被触发的情绪点。

魔力悄悄话

因为经历、认知、修养的不同,我们每个人的情绪触发点也会不一样。遇事时,理智的人让血液进入大脑,让他头脑清醒,能聪明地思考问题,选择得当的举止;野蛮的人则是让血液进入四肢和舌头,令大脑空虚,他就会暴躁冲动,口不择言。

三、什么时候会糊涂

尚娜是个大块头美国女人,有着非常醒目的"阿尔法性格",说话又都是不容置疑的口气。跟她初次接触时,我感觉自己几乎要窒息了。尚娜自己也承认她有一颗"要赢之心",并对此无意掩饰。

尚娜曾经是个按摩师,并在多伦多开了 8 年按摩诊所。得益于她的"要赢之心",她将诊所管理得井井有条,各项规章制度中就包括,客人取消预约要提前 24 小时通知,否则要收取 50% 的违约金。其实,这也没什么特别,为保护自身利益,多数诊所都有这个规定。

但 2001 年发生了一件事,令尚娜至今仍悔不当初,也是跟这个规定有关。

尚娜有一个老主顾,是个大企业的高管,因为对尚娜的服务很满意,给她介绍来不少公司里的同事。某一天,高管给尚娜打来电话,说要取消当天的预约。尚娜自然重申了诊所的规定。高管听了,没说什么,但她以及她介绍来的同事,从此再没有光顾过尚娜的诊所。

因为那一天是 9 月 11 日。高管打电话给尚娜的时候,纽约的双子星大楼刚刚倒塌。

在那样一个人心惶惶的特殊日子里,我满脑子想的居然还是那 50% 的违约金?尚娜事后每提起此事,都悔不当初:我那时候真是脑子进水了!

心理学也发现,人类 90% 的思维错误,不是因为逻辑,而是感知的错误。我们熟知的"一叶障目,不见泰山",瞎子摸象,邻人疑斧,都是错在感知。而情绪,常常是导致这种错误的始作俑者,是进到脑子里的水。

当一个人的情绪是积极愉悦的,他的思维是"发散性"的,这会帮助他拓宽视野,看到更多的可能性;相反,负面情绪则导致"会聚性思维",它帮助人聚焦。

比如受到威胁时,人会非常迅速地关注到小细节,形成一种"武器瞄准式"的隧道视野,它使人只能记住符合这种情绪的信息,只能用符合这种情绪的方式来解读别人——显然,这种思维模式遮蔽了许多可能性,以此对现实做出反应,难免就带有偏差。正是担心自己利益损失,才使得尚娜只关注到顾客违约,而不近人情地忽视了当天的特殊情况。

魔力悄悄话

　　老子说的"自知者明",也是因为自知的人能够准确了解自己的情绪状态,杜绝了因情绪而导致的思维偏差。而相反,一个对情绪失控的人,就如同眼睛被蒙上了,唐突莽撞都在所难免。

四、身体的语言

因为情绪的产生都有其生理机制,比如人愤怒的时候,血液会流向双手,而害怕的时候,血液则会流向双腿。所以,当一种莫名的情绪上来时,察觉自己的身体表现能帮助我们准确地理解它。

所以,平静心情也可以从身体做起,可以尝试以下几个方法,找到最适合自己的:

心跳法——注意你的心律,它是衡量情绪的精确尺子。当你的心跳快至每分钟100次以上时,身体就会分泌出比平时多得多的肾上腺素,会令人失去理智,变成好斗的蟋蟀。当出现这么高的心率时,整顿一下情绪至关重要。

呼吸法——深呼吸,直至冷静下来。慢慢地、深深地吸气,让气充满整个肺部。把一只手放在腹部,确保你的呼吸方法正确。

水疗法——洗个热水盆浴,可能会让你的怒气和焦虑随浴液的泡沫一起消失。

按头法——想着不愉快的事,同时把你的指尖放在眉毛上方的额头上,大拇指按着太阳穴,深吸气。只要几分钟,血液就会重回大脑皮层,你就能更冷静地思考了。

魔力悄悄话

身体平静了,你就会发现"忍一时风平浪静,退一步海阔天空",否则,你很可能会被自己的情绪逼上悬崖。

第九章
情商修炼之正念

压力有时并不是个坏东西,是的,它也许会让你感觉不舒服,但同时也是促使你进行改变的力量。一旦压力减轻,人就容易维持现状。然而,如果压力没有在抱怨中流失,它就会堆积起来,到达一个极限,迫使你采取行动变现状。

因此,当你准备向一个同情你的朋友报怨的,先自问一下:我是想减轻压力保持现状呢,还是想让压力持续下去促使我改变这一切呢?如果是前者,那就通过报怨把压力赶走吧。逐个人都有发牢骚的时候,它会让我们暂时好受一些。但如果情况确实需要改变的话,下定决心切实行动起来吧!

一、曹操的"不畏浮云遮望眼"

在中国的京剧舞台上,曹操的脸谱一直是白色的,那是大反派的标签;在《后汉书·党锢传》中,他却得到这样的赞誉:"时将乱矣,天下英雄无过曹操。"

三国时期的风云际会,借用清人毛宗岗《读三国志法》中的说法,就是"古今人才之聚未有盛于三国者也"。"本乞丐携养"出身贫寒的曹操,能在这个群雄混战的乱世里创立霸业,不言而喻,自有其过人之处。

从刺杀董卓失手仓皇出逃,到最终坐拥北方三分天下,曹操的胜利之路也绝非一帆风顺。他"五攻昌霸不下,四越巢湖不成,任用李服而李服图之,委任夏侯而夏侯败亡"的失败,令诸葛亮也不禁在《后出师表》中感慨:"先帝每称操为能,犹有此失。"

可曹操的过人之处,就在于他败而不馁、百折不回。赤壁之战功亏一篑,曹操已经 54 岁,但为了完成统一大业,他随即发布了著名的《求才三令》,广招人才;57 岁时又征战关中,大败马超;61 岁时降伏张鲁;去世前还以 65 岁高龄与刘备争夺汉中,后又亲征关羽。身体力行了他所写下的"老骥伏枥,志在千里。烈士暮年,壮心不已"的慷慨志向。

相比之下,袁术兵败后"呕血斗余而死",袁绍在官渡"自军败后发病"、"忧死",刘备因彝陵之战"大败还,忿耻发病死"。挫折之前,高下立见。

从史料的蛛丝马迹中探寻曹操的心理特征,我们就不难发现,曹操的"不畏浮云遮望眼",除了拜赐他的鸿鹄之志,也很大程度上得益于他的乐观心态。因为,乐观的人能够看到生活中光明的一面,保持积极的态度,即便面对困境也依旧如此。用塞林格曼的话说,就是"乐观能使人对生活中的许多困难产生心理免疫力"。

《魏书》中就记载了这样一段曹操在阵前的找乐儿表现。

贼将见公,悉于马上拜,秦、胡观者,前后重沓,公笑谓贼曰:"汝欲观曹公邪? 亦犹人也,非有四目两口,但多智耳!"

用今天的话说，就是：你们不是要围观我曹大爷吗？看看吧，我也没长什么四眼两嘴，而是咱脑子够用！

最能体现曹操的乐观旷达的，莫过于他兵败华容道后的大笑了。在文学名著《三国演义》里，这段史实被演绎成更精彩的曹版"三笑"：

曹操眼见树木丛杂，山川险峻，就在马上仰面大笑不止："吾不笑别人，单笑周瑜无谋，诸葛亮少智。若是吾用兵之时，预先在这里伏下一军，如之奈何？"

行至葫芦口，兵饥马乏，有不少倒在了路上，曹操再度仰面大笑："吾笑诸葛亮、周瑜毕竟智谋不足。若是我用兵时，就这个去处，也埋伏一彪军马，以逸待劳；我等纵然脱得性命，也不免重伤矣。彼见不到此，我是以笑之。"

待过了险峻，路稍平坦，曹操回头一看，身后只跟了三百余骑，且无一人衣甲整齐，但仍在马上扬鞭大笑："人皆言周瑜、诸葛亮足智多谋，以吾观之，到底是无能之辈。若使此处伏一旅之师，吾等皆束手受缚矣。"

虽然这三笑过后，赵子龙、张翼德、关云长逐一现身，似乎戏剧性地印证了曹操的狂妄，但惨败后还会这般笑出来的，古今中外能有几人？更不用说，狼狈不堪之际，还能如此清醒地总揽全局、换位思考。这么强大的心理素质，足令他在三足鼎立中笑傲同侪。

"曹操可能是中国历史上性格最复杂、形象最多样的一个人。他这个人聪明透顶，又愚不可及；狡猾奸诈，又坦率真诚；豁达大度，又疑神疑鬼；宽宏大量，又心胸狭窄。可以说是大家风范，小人嘴脸；英雄气概，儿女情怀；阎王脾气，菩萨心肠。"这是当代学者易中天对曹操的一个概括。

魔力悄悄话

曹操：壮怀激烈，又禁摔皮实；坚忍不拔，又举重若轻。可曹操的过人之处，就在于他败而不馁、百折不回。从史料的蛛丝马迹中探寻曹操的心理特征，我们就不难发现，曹操的"不畏浮云遮望眼"，除了拜赐他的鸿鹄之志，也很大程度上得益于他的乐观心态。

二、天堂与地狱

心理学认为,情绪不是由某个客观事件本身引起的,而是由经历它的人对这一事件的主观看法引起的。对于同样一件事,持有不同的看法,就会唤起不同的情绪,正所谓"一念天堂,一念地狱"。古代诗人陶渊明早已洞悉这个道理,才会写出"结庐在人境,而无车马喧。问君何能尔? 心远地自偏"。

谈过恋爱的女孩大概都有这样的体会:某天过生日了,可恋人仍毫无表示,这时,如果我们由此想肯定是感情淡了他不把自己放心上了,我们就会苦恼顿生,就会成为"远则怨"的难养女子;而如果我们猜想他可能正在酝酿什么惊喜,我们就会幸福地充满期待,这就是念头对我们的情绪和行为的影响。

消极的念头会使人丧失自尊,做出于己不利的举动,继而平添烦恼,增加焦虑,焦虑情绪反过来又进一步强化了消极想法,形成一个恶性循环。积极的想法则能提高自尊,减少焦虑,反过来又让我们更乐观,是一个良性循环。所以,理教练爱说:"心对了,人就对了,人对了,事才能对。"

有人说,发生在 2010 年的"药家鑫案"留给了我们一个警示:要小心你的思想,因为它不久就成为你的行动;小心你的行动,因为它不久就成为你的习惯;小心你的习惯,因为它不久就成为你的品格,就是这个道理。

经常检视引发我们情绪的念头,去除其中无效甚至有害的想法。这就像我们的电脑要定期查毒杀毒,才能保证它的正常高效工作一样。

魔力情悄话

消极的念头会使人丧失自尊,做出于己不利的举动,继而平添烦恼,增加焦虑,焦虑情绪反过来又进一步强化了消极想法,形成一个恶性循环。积极的想法则能提高自尊,减少焦虑,反过来又让我们更乐观。

三、世上本无事，庸人自扰之

西方心理学的理性情绪行为理论认为，每个情绪陷阱背后都存在着所谓"不合理信条"，它们不仅是自寻烦恼的来源，还会对人际关系造成阻碍。这一理论的开创者埃里斯博士总结出，不合理信条有10种常见形式，其中假想敌、感性推断和贴定性标签是3个"世上本无事，庸人自扰之"的代表性例证。

《列子·说符》中，记载了一则"邻人疑斧"的寓言：

有一个人遗失了一把斧头，怀疑是邻居家的小孩偷走了，于是观察这个小孩，不论是神态举止，还是言语动作，怎么看怎么像是偷了斧头的样子。但事实上，隔了不久，自己在后山挖地时又找到了自己的斧头。再回来看邻居的小孩，就怎么看怎么不像是偷斧头的样子了。

"其邻之子非变也，己则变之。变之者无他，有所尤矣。"这说的正是不合理信条在作祟。

感性推断——认定自己的负面情绪必然反映了客观事实，在人际互动中，就难免"以小人之心，度君子之腹"。

贴定性标签——贴标签是人的一个思维处理机制，便于大脑分类储存信息。但在人际交往中，则需要对这种"把人看死了"的倾向保持警惕，因为它相当于根绝了所有其他可能性，会成为沟通的第一路障。

美国知名主持人林克莱特有一天在节目现场采访一名小朋友："你长大后想要当什么呀？"

小朋友回答："我要当飞机驾驶员！"

林克莱特接着问："如果有一天，你的飞机飞到太平洋上空所有引擎都熄火了，你会怎么办？"

小朋友想了想说："我会先告诉坐在飞机上的人绑好安全带，然后我挂上我的降落伞跳出去。"

这时，现场的观众笑得东倒西歪，如果有人有"贴定性标签"的习惯，"自私"就会是一个很自然的选择。

但没想到,孩子说话的时候流下泪来。

林克莱特于是问他:"你为什么要这么做?"

孩子的答案出乎了观众的意料:"我要去拿燃料,我还要回来的!!"

魔力悄悄话

假想敌——没有弄清楚事实之前,即随心所欲地归结为有人在跟自己作对。每个情绪陷阱背后都存在着所谓"不合理信条",它们不仅是自寻烦恼的来源,还会对人际关系造成阻碍。

第十章
情商修炼之通情

　　我们的周围有很多牢骚满腹,横行霸道、装腔作势的人,我们多么希望这些人从生活中消失,因为他们会让人生气和绝望,甚至发狂。为什么不能把这些人圈起来,买张飞机票,送到一个小岛上,在那里他们再也不会打扰到别人。可是,最好别这样,这些难以相处的人是我们提高情商的帮手。你可以从多嘴多舌的人身上学会沉默,从脾气暴躁的人身上学会忍耐,从恶人身上学到善良,而且你不用对这些老师感激涕零。

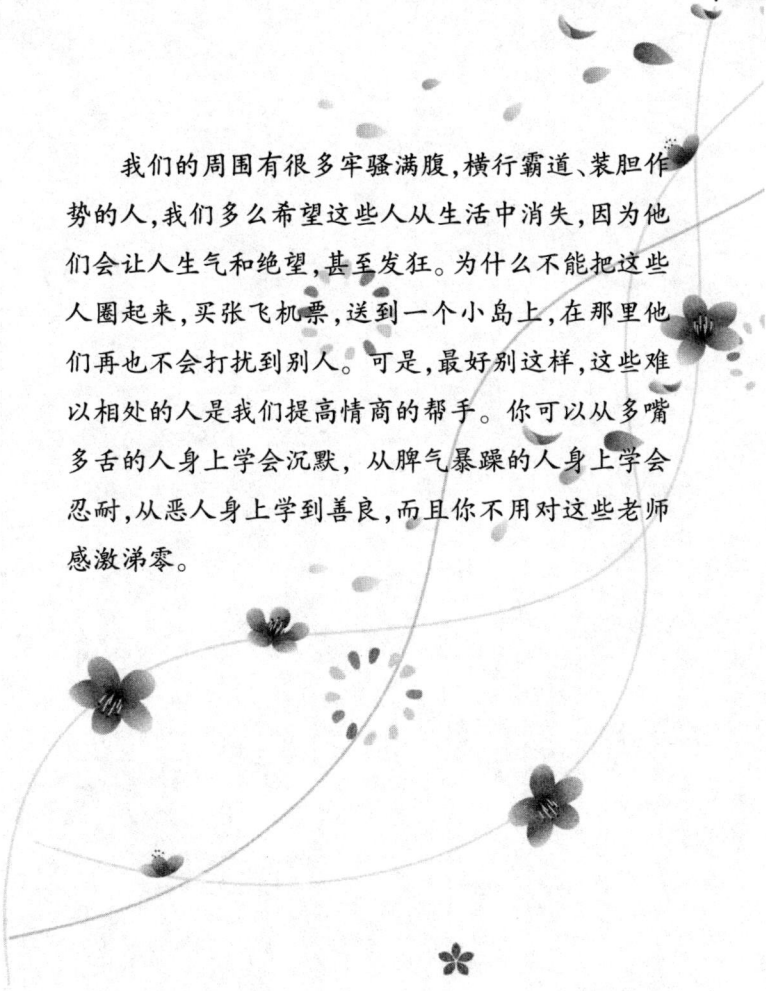

一、情"胜"——刘备

在三国争霸中,刘备着实不算个实力派选手,除了有皇叔血统,也没有什么能拿得出手的了,无论是文功还是武略,比他强的选手数不胜数。可到头来,却是他与枭雄曹操和"生子当如孙仲谋"的孙权三分天下,这不得不归功于他揽才的能力。

桃园结义让他得了两个生死相随的兄弟,长坂坡摔孩子又让赵子龙对他忠心耿耿,就连得其一即可安天下的凤雏庞统、卧龙诸葛亮都被他统统收在帐下,而且前者是从东吴转会过来,后者更是鞠躬尽瘁死而后已。

刘备能"收买人心",除了诚意仁厚,还有一个关键是会通情。大家似乎都对他哭哭啼啼印象深刻,其实这也体现了他的动人以情。

刘备恳请诸葛亮出山时,一顾茅庐不得见,再去时遇其弟,于是提笔留了一封信"以表殷勤之意"。这封信是这么写的:"备久慕高名,两次晋谒,不遇空回,惆怅何似! 窃念备汉朝苗裔,滥叨名爵,伏睹朝廷陵替,纲纪崩摧,群雄乱国,恶党欺君,备心胆俱裂。虽有匡济之诚,实乏经纶之策。仰望先生仁慈忠义,慨然展吕望之大才,施子房之鸿略,天下幸甚! 社稷幸甚!"

刘备的这番表情达意,令诸葛亮看后大为感慨:"昨观书意,足见将军忧民忧国之心。"于是,将自己对政局的研究心得倾情奉出,但仍婉拒刘备出山相助的请求。这时,刘备哭了:"先生不出,如苍生何!"话未说完,已是泪沾袍袖,衣襟尽湿。诸葛亮见其意甚诚,便出山了,从此再没回头。但凡胸怀天下的志士,大概都无法拒绝挽狂澜于既倒的诱惑,刘备就准确地拨动了诸葛先生的这根心弦。

刘备不仅能打动人,而且也很会批评人。他的结拜兄弟张飞在留守徐州时,因为酒后误罚部将而招致吕布袭取徐州,连刘备的家眷也都被困在城中。当张飞跑到前线见到刘备时,刘备只是沉默没有说一言半语。事实上,此时无声胜有声,等听到关羽的几句埋怨,羞愧难当的张飞就要拔剑自刎。这时,刘备连忙夺下剑来扔在地上说:"贤弟一时之误,何至遽欲捐生耶!"人非圣贤,孰能无过？刘备一语道出了张飞的委屈,把这个猛汉感动了,关羽和旁人也落下泪来,自此后对刘备的忠心更多了几分。

虽然曹操和孙权也都是惜才用人的高手,但在用情通情上,刘备在三人中确实略胜一筹。如果说三分天下,曹操是勇胜,孙权是智胜,那刘备可以说是情胜了。

魔力悄悄话

得其心有道,所欲与之聚之,所恶勿施于尔。刘备能"收买人心",除了诚意仁厚,还有一个关键是会通情。大家似乎都对他哭哭啼啼印象深刻,其实这也体现了他的动人以情。

二、情不通，话难听

一位老父亲在女儿家小住，有一天早上卫生间的灯不亮了，女儿着急上班，就交代老爸打电话找物业。修理工来了，先是说灯管坏了，要自己去买。老父亲买回来后，灯还是不亮，修理工又说是镇流器的问题，老父亲又跑出去买。镇流器换上了，灯还是不亮，修理工才发现是线路的问题。鼓捣了大半天，灯才修好，修理工要收修理费，一肚子不满的老父亲说："你害得我白跑了两趟，还买了用不上的东西，我没跟你理论，怎么你还反过来要收我的费呢？"

等女儿下班回来，老父亲跟女儿一五一十地念叨起整个过程。素知父亲爱较真儿，女儿忍不住劝他说："老爸，不是我说您，您这个脾气也得改改了，人家收费是照章办事，为这事闹别扭，有什么好处呢？"

听女儿这么一说，老父亲愤懑地叫了起来："噢，这难道还是我错了?!"自己辛辛苦苦把事办了，没想到不仅没落好却还招来批评，老父亲顿时委屈得饭都不吃了。女儿也沮丧：自己是为老爸好，说的又明明在理，老爸怎么就听不进去呢？

类似这样的情形，相信很多人都遇到过、苦恼过：对方怎么就这么不通情理呢？

人际沟通的70%是情绪，30%才是内容。如果情绪没有疏通好，就算内容传达到位了，也很难是一次双方都满意的沟通。

美国的心理学家们总结出阻碍有效沟通的12个路障，并把它们归纳为三类：妄加评判，贸然支招，反客为主。这些问题有一个共同点，就是都有情绪堵点。

第一类，妄加评判。对他人说的话，做出同意或反对的评判，是我们每个人都有的自然倾向，但是如果不加警惕，随意进行批评、贴标签、诊断或者评价式吹捧，就会因为把自己的标准强加于人而冒犯对方，引起不快，阻塞沟通。在前面说到的故事中，女儿的话之所以引起老父亲的反感，就是因为她基于自己的观点对父亲提出了批评，却完全忽略了父亲跟自己唠家常背后的情感需求。

第二类，贸然支招。曾经有一对模范夫妻向我诉苦说，因为他们青梅竹马婚姻美满，经常有遇到婚恋苦恼的朋友向他们取经求教，他们每次也都开诚布公地分享自己的经验，尽力为朋友排忧解难。但有几次他们却惊讶地发现，自己的热心支招似乎事与愿违，朋友居然感到他们有优越感，自己被比下去了。其实，这正是在人际沟通中贸然支招导致的尴尬：本来的问题没解决，却又制造了新问题。因为对方问题的答案，未必一定在你自己的经验里，你按自己的经验开方，难免令人感到居高临下。更何况，找朋友倾诉，需要的常常只是一对聆听的耳朵。

第三类，反客为主。反客为主式的沟通，要么是说着说着把话题从对方关心的事情转到自己的话题上，要么是只对沟通中的事实进行逻辑论断而忽略了对方的情绪，要么干脆就高举盾牌隔绝任何的情感要求。问题是，所有人际关系的问题无不与情绪情感有关，置之不理的沟通自然也无法顺畅。

魔力悄悄话

所谓"通情达理"，正是要先通情后达理，要达理必先通情；一个人的心里被情绪堵住了，道理自然通不过去，就如同盖着盖子的杯子倒不进水去。

三、气顺才有事顺

有一次,我和一个情商培训师去外地为客户做培训,赶晚上的航班却遇到了延误。等了一个多小时后,又突然听到广播通知说,因为机器故障,航班临时取消了,旅客可以改签其他航班。听到这个消息后,旅客们大多开始抱怨,我们也着急起来,如果今晚不能赶到,明天的培训就要晾场了。

这时,只见旁边一个衣装笔挺的男士,大声嚷嚷着冲到改签柜台前,冲着一位女地勤怒喝道:"靠! 你们说取消就取消,我明天有一个大合同要签,现在你不飞了,我怎么赶过去? 你们这不是坏我的事吗? 我如果赶不过去,损失有多大你知道吗?!"

"对不起,先生……"女地勤不卑不亢地致歉,"如果您想改签,我可以帮您办。"当女地勤告诉他当晚没有可供他改签的航班时,男士更加怒不可遏:"你们等着瞧吧,我要起诉你们,我要你们赔偿我的损失!"说完,扭头就走了。

轮到我们办理时,我的同事微笑着对女地勤说:"你们的工作也真不容易,这种事情又不怨你,可乘客却对你发火。"女地勤抬起头来,职业性的微笑里流露出感动:"这就是我们的工作。"随后,我的同事解释了我们必须要当晚赶到,希望她能帮忙。

结果,女地勤想了各种办法,经过几番努力,帮我们免费升舱到了当晚的另一个航班上,总算没耽误我们的工作。

这件事给我留下了很深的印象。那个人光顾着讲理,既没有管理好自己的情绪,更忽略了女地勤的感受,而她却是能够帮到他的人。而我的同事,却刚好相反,不仅没让自己的急切情绪产生破坏性,而且还关注到了女地勤的情绪,更是用一句通情的话轻而易举地赢得了她的好感和帮助。这真是,要想事儿顺,先得气儿顺,不仅自己顺,还得让别人顺。

通情之所以有"一点通"的神奇功效,是因为人际沟通存在着不同的层次,由浅到深分别是:打招呼,讲事实,说想法,谈感受,敞开心扉。打招呼不过是点头之交,敞开心扉才是最深度的沟通。

要叩开一个人的心门,需要彼此间有足够的安全感。当我们在感受层面上关注、尊重、理解和接纳一个人的情绪时,就是在给他这种安全感,他才可能敞开内心。相反,如果沟通只是停留在摆事实、讲道理的层面,就无法突破情感防线,只能游离于心门之外,自然就难以打动人。

魔力悄悄话

无论是加深了解,还是深入沟通,抑或让关系巩固,"动之以情"都是法宝。要叩开一个人的心门,需要彼此间有足够的安全感。要想事儿顺,先得气儿顺,不仅自己顺,还得让别人顺。

四、积极情感优先

通情不仅是沟通管道的疏通剂,更是矛盾冲突的灭火器。在人际关系中,冲突不可避免,如果应对不当,冲突就是洪水猛兽,但情商高的人却可以化干戈为玉帛,甚至能使双方关系在冲突过后更加亲密。这其中的关键,仍然是通情。

三国争霸时,诸葛亮就演出过一场用情商化解冲突的精彩大戏。在蜀吴联合抗曹期间,同样才智超群的蜀相诸葛亮和吴国大都督周瑜,既并肩作战惺惺相惜,又各为其主斗智斗勇。结果,量小气盛的周瑜在诸葛亮的三气之下,箭伤复发,愤懑身亡,留下"既生瑜何生亮"的千古哀叹。吴国痛失栋梁,自然对诸葛亮人神共愤,周瑜部下甚至有意杀了诸葛亮为都督报仇。

冲突来了,情商低的人往往会采取或对抗或逃避或僵持的应对方式。可诸葛亮毕竟是诸葛亮,面对这样剑拔弩张的紧张冲突,他却带着祭礼亲自吊孝。连刘备都担心"只恐吴中将士加害于先生",但诸葛亮跪在灵前把感天动地的祭文一念,就令吴将杀心顿消。眼见他伏地大哭,泪如泉涌,吴国将相对他痛失知音的悲怆也感同身受起来,谓曰:"人尽道公瑾与孔明不睦,今观其祭奠之情,人皆虚言也。"鲁肃甚至认为,诸葛亮"自是多情",周瑜的死只因他心胸狭窄,完全是自找的。

对于处理人际冲突,心理专家建议说,如果你能做到以下四步,冲突就不会让双方关系一拍两散,而是更加亲近:

1. 表达出你的情绪;

2. 承担属于你的那部分责任;

3. 表达你的意向和期待;

4. 最后用表达原谅、接纳或者爱来结束。

这些,诸葛亮全部做到了。结果就是,在他声泪俱下的哭诉和对周都督的赞颂中,仇恨化解了,隔阂消除了,蜀吴联盟保住了。

前面提到过的高特曼博士在研究夫妻冲突时发现,与人们通常想象的不同,婚姻幸福的夫妇也会吵闹,大声争论并不一定危害婚姻,甚至神经质或性格问题也不一定导致婚姻破裂。相反,回避冲突反而会毁坏婚姻关系。在一项研究中他甚至可以预测一对夫妻是否会在未来3年内离婚,准确率达94%,这在所有婚姻研究中属于绝无仅有。

高特曼博士的研究方法,是将夫妻相处的情形进行录像。这样,一对夫妻在谈话时,所有细微的生理变化都会被记录下来,事后再请各夫妻分别观看他们对话的录像,并说出自己当时的真实感受。通过对隐藏在对话背后的情感因素进行巨细靡遗的分析,他揭示出一个惊人的事实:大部分婚姻中的争执是无法调解的,多年徒劳的努力也无法化解扎根于双方性格、价值观和生活方式的根本差异。因此,维持成功婚姻的关键,就在于如何适应和善待对方非理性的举动。

高特曼博士给出的建议就是,理解双方差异的底线,学着接纳并尊重对方。在他所著的《婚姻成功7准则》中,他提出一个解决冲突的原则,叫作"积极情感优先":让自己对配偶和对婚姻的积极看法成为主导力量,使之压倒其他负面情感,从而忽略微小的负面因素,或以积极方式解读对方的行为。

魔力悄悄话

在冲突中,多顾念对方的好处,破涕为笑的概率会大过分道扬镳。在人际关系中,冲突不可避免,如果应对不当,冲突就是洪水猛兽,但情商高的人却可以化干戈为玉帛,甚至能使双方关系在冲突过后更加亲密。

五、通情七要

如何用建设性的方式表达同理心，而避免有意无意伤人？美国哈佛大学的心理学家阿瑟·西拉米克里博士建议要做到以下7点：

第一，要使用开放式提问。

在沟通中，用开放式的问题得到对方的反馈，表达尊重对方的观点，并希望深入了解，这么做是你把主导权交给对方。相反，答案只有对错、是否的闭合式问题，只留给对方非此即彼的选择，让双方都很难做出合情合理的回应，这就相当于关闭了探讨各种可能的大门，使沟通变为一种输赢的较量。但对于促进相互理解，无论谁占了上风，结果都是双输。

第二，要宁停三分，不抢一秒。

心理学研究发现，同理心好比一株植物，日下暴晒或阴不见光都会枯萎。在沟通中有意识地慢下来，就是给思考以时间，避免感情用事脱口而出，这样同理心才有机会显示出来。特别是当沟通引发了愤怒害怕等负面情绪时，尤其要踩刹车，因为这些情绪会引起生理紧张，生理紧张又会使人的关注点变窄，容易导致"情绪劫持"的情形。

第三，要避免草率评判。

基于以往经验对眼见的行为进行总结和归类，是每个人都有的天性，这种倾向很容易使人形成一些对人或事的刻板印象，导致在沟通中草率作评判和下结论，而不能以开放的心态看到各种可能。这与同理心就完全背道而驰，沟通中的先入为主，自然会令对方感到沮丧、反感，甚至愤怒，使沟通陷入僵局。

第四，要用好你的身体。

同理心的组成，也含有生理部分，有心理研究人员把同理心定义为"一种自治神经系统的状态，它能激起他人的神经系统进入同一状态"。就是说，人们的神经系统是可以对话的，这解释了当我们遭遇愤怒凶恶的人时，我们也能从自己的身体反应中感到这种情绪的影响。因为我们身体里的自动系统能够接受对方的生理反应,而这些生理反应能为我们提供关于他的想法和感受的线索,所以在沟通中,我们不仅能从自己的身体变化中理解对方,更可以利用自己的身体传达你需要对方了解的信息。

第五,要理解过去。

同理心的威力在于它关注当下,接纳变化,但它也同样关注过去,为的是加深理解以往的经历如何影响到眼下的情形。分清过去和现在,能使我们更客观,能帮助我们认识到自己或者对方现在之所以这样表现,不完全是因为眼下发生了什么,而经常是源于过去生活中一些没能解决好的问题。这个扩大的视角,能帮助我们更释然,在沟通中做出更审慎的回应。

第六,要把故事听完。

在人际沟通中,每个人都有他自己的独特故事要讲,而且每一个故事讲起来都有它自己的节奏。这时,表达同理心的方式就是,允许对方按他自己的快慢把故事讲完,同时,让我们沉浸在他的故事里,提供他需要的帮助,感恩自己能参与到这个体验里。在这个过程中,我们的角色不是引领而是跟从,不是主导而是参与,不是一锤定音而是保持双方想法的持续交流。

第七,要设定边界。

在沟通中表达同理心,能密切你与对方的关系,但这并不意味着你有义务分享个人的经历、观点和感受。很多时候,当有人向我们倾诉他的问题时,为了安慰他,我们会提及自己也有类似的麻烦,以为同病相怜会快速建立关系,也能让他好受点。但事实上,这是表达同理心的一个常见误区,这种安慰或许当时有效,但很少长久,他的深层问题也不会因为知道别人跟他一样而迎刃而解。

魔力悄悄话

要做到通情,一个人首先得从情绪上读懂他人,要把自己的同理心传达到对方的心中。当沟通引发了愤怒害怕等负面情绪时,尤其要踩刹车,因为这些情绪会引起生理紧张,生理紧张又会使人的关注点变窄,容易导致"情绪劫持"的情形。

第十一章
情商修炼之顺耳

　　豁达是最值得追求的个性境界之一；宽容是人际交往中的润滑剂；从自己做起，化解矛盾减少冲突；宽阔的心胸是成大事的基础；不以个人的爱恶喜厌定交往。成功是每个人的梦想，但是成功不是从天上掉下来的，而是经过不断的磨炼和积累而获得的。把成功比作一座大厦，德商、情商、灵商、胆商等等，都是构造这座摩天大楼必不可少的材料。对于大学生来说，现在正是培养自己这些能力的黄金时期。活力、魄力还有充足的时间，名师的指导都是大学生所拥有的得天独厚的优势。

一、忠言何须要逆耳

多年前,我的一个闺蜜去美国留学,正好我有另一个女朋友在她附近的一个城市,便介绍她们认识了。有一天我与朋友通电话,正好闺蜜去了她家。那时的越洋通信远不像今天这么便捷,闺蜜便托我给她尚在国内的男友打个电话通报一下,她当晚不在家没法接他的电话了。我自然照办,没想到那个男生在电话里一个劲儿地追问我:她到底去了哪里? 你那个朋友是男是女? 听他那么紧张,我觉得应该宽慰他几句,可不知怎么,我脱口而出:"隔着这么远,就算是她去了个男的家,你又能怎么样呢?"我本意是说:你不用紧张啦,如果她去了个男生家,我还会这么不当回事地来告诉你? 万万没想到,随后电话里传来一声咆哮:"我拿刀杀了你!"

那时候我还青涩,显然低估了情网中人千回百转的心思。事情都过去多少年了,我却总是记得,就是后悔,要早点知道同理心,就不会因为说不好话而得罪朋友了。没有同理心,自然会饱汉子不知饿汉子饥,就像史上的晋惠帝,民间闹饥荒老百姓都吃不上饭了,他还纳闷:他们为什么不吃肉呢?

中国有句老话,叫"好言一句三春暖"。尽管如此,俗语说的"良药苦口利于病,忠言逆耳利于行"却常常成为口出逆耳良言者的保护伞。按理说,这话早应该过时了——如今的苦药都有了糖衣,吃药早不再苦口了。经历了这件事以后,我对这个千年古训不免产生了怀疑:既然能治病的药都不苦,那对人有好处的话是不是也该用顺耳的方式说才对呢? 孔子不还教导我们说,"己所不欲勿施于人"吗? 好话都反着说,不就成"活鱼摔死了卖"吗?

同理心不够,会带来说者无意,听者有心的麻烦。而同理心发挥过头了,也可能会话不对味,造成人际阻碍。

在英文里,同理心有两个表姐妹,在词意上构成了一个连续统一体:apathy - empathy - sympathy,三个词翻译成中文,分别是冷漠、同理心、同情心。三姐妹,一端是 apathy,大致是事不关己高高挂起,sympathy 在另一端,是心慈念善爱掬同情泪，而 empathy 则居于中间，是善解人意的感同身受，她知道你此时此地的感受，却又知道"子非鱼，焉知鱼之乐"，不会把自己的感受强加于人。三个词有着相同的词根，但一两个字母之差，意思却大相径庭。

在实际生活中，这三种情绪也经常被用错。譬如，同是去探望一个生病的单身女子，同理心会体察到她或许孤单无助的心情，同情心则可能会说：你这样太可怜了，还是赶快找个人成个家的好。虽是忠言，可人家未必爱听，你还非要逆着耳朵说，那你是想让人家听劝，还是存心给人家添堵呢？

魔力悄悄话

要做到孔子说的"君子和而不同"，首先需要同理心。同理心不够，会带来说者无意，听者有心的麻烦。而同理心发挥过头了，也可能会话不对味，造成人际阻碍。

二、委屈未必能求全

曾听过这样一个故事:一对夫妻十分恩爱,吃饭时妻子总是把多肉的鱼尾夹给丈夫,自己吃鱼头,丈夫以为妻子爱吃鱼头,便每次都把鱼头留给妻子。就这么过了一辈子,直到暮年,丈夫才发现妻子原本是爱吃鱼尾的,因为爱,把她认为最好的部分留给了丈夫,而妻子也才知道丈夫本是爱吃鱼头的,因为爱,才没有跟自己争。

听起来很感人,但我却不以为然。两个人的"委曲",反倒成就了一个双输的结果,再怎么无私,都叫人于心不忍。

编这个故事的人,若是要宣扬无私的爱,也便罢了,若是以此教人相处,便是要误人子弟了。

还好,因为是相爱夫妻,委曲求全也都心甘情愿,没有生怨生厌。要是放到工作关系里,可能就是另外一番景象了。

柳倩倩是一个受过良好教育的职业女性,在一个财富500强跨国公司中担任中层经理,给人的印象很谦和有礼。但在工作中却遇到了苦恼:她的上司是一个美国人,在她看来,非常强势,比如开会,他会逼着每个人发表意见,如果不发言,他就会认为这个人没有主见,不会沟通。主张以和为贵的倩倩则觉得,有些话特别是不同意见公开说了,会有损他的面子,遇到摩擦冲突的时候,自己退一步海阔天空,也是对老板的尊重。但时间长了,倩倩却发现,老板不但不买账,反而认为她不善于沟通。总得不到上司的肯定,郁郁不得志的倩倩终于决定辞职。

就在她辞职前夕,倩倩接受了情商测评。

看到自己的测评结果时,她忍不住哭了,仿佛那里面写满了她不被上司理解和赏识的委屈。事实上,她的测评结果也确实解释了她委曲而未能求全的尴尬:她的独立性和坚定果断能力的不足验证了老板对她的评价,而她抗压能力和解决问题的能力同样低下,也就难怪在一个强势的美国老板手下无所适从了。

　　而同时,我们有机会对她的美国老板也进行了测评,他得分最高的一项恰恰是坚定果断,印证了"强势"的说法。但单从结果上看,他的情商表现显然要比倩倩的好出许多。

魔力悄悄话

　　每一个批评、评判、诊断和愤怒的表达,都是在可悲地表达自己未被满足的需求。在生活中遇到摩擦冲突的时候,自己退一步将海阔天空。

三、该说"不"时就说"不"

我在国内外从事情商测评和培训的过程中,有机会在测评数据上作中外的分析比较。以北美为例,在情商15项指标中,坚定果断高居第4位,而与此形成鲜明对比的是,我们已掌握的华人测评结果显示出,坚定果断居倒数第4位。

或许也有人注意到这样一个现象,在一间屋子里一个吸烟者问旁边的人:你介意我吸烟吗? 如果是介意,西方人会直接回答:是的。但换作一个中国人,即便他也介意,却常常会含糊其词,甚至说:哪里哪里,不会的。

像柳倩情那样,不会表达自己的主张,遇到问题只会一味地示弱忍让,不能据理力争,这或许与中国人的含蓄文化有关。但如果这样做的结果是吃哑巴亏,吸二手烟,那就说明这种做法是无效的。

与同理心类似,在英文里,坚定果断有两个表兄弟,在词意上构成了一个连续统一体:submissive – assertive – aggressive,三个词中文的意思依次是被动顺从忍气吞声,坚定果断维护自我,咄咄逼人甚至具有侵略性。同样,三个词分列左中右,左端的代言人可以是三从四德型妇道人家,把右端想象成到处称王称霸的美帝国主义也八九不离十。最难把握的则是中间这个as-sertive,它意味着,既不委屈自己又不妨害他人,有点像中国儒家所倡导的"中庸"的意思。只是,颇令人感慨的是,在中文里很难找出一个恰如其分的对应词,翻译成"坚定果断"也是勉为其难。

据说,连篮球巨星迈克尔·乔丹也曾在assertive左右徘徊过。乔丹小时候长得又高又壮,他的母亲担心他会在学校里恃强凌弱,所以严格要求他与人为善,但老师给他的评语上却写着:乔丹是个优秀的孩子,但他应该学习维护自己的权益。他虽然比别的孩子更高更壮,但别的孩子就是敢欺负他,推他,甚至打他。

对此,乔丹自己也觉得很委屈,他对父亲说:我感觉非常不好,我非常讨厌被他们推来推去,更讨厌他们叫我胆小鬼,我真想狠狠地揍他们,但我知道,我要是这样做了,妈妈会生气。

父亲听后,对乔丹说:你不必揍他们,可以通过其他方式让他们知道你不能再忍受他们的欺负,比如争取自尊,树立自信。

有一天,乔丹和同学正在打球,那几个经常欺负他的孩子又来戏弄他。这一回迈克尔没有像往常那样逆来顺受,而是叫他们停止,但没有效果,乔丹就把其中两个摁在了地上。后来,乔丹和那两个孩子都各自承认了自己的错误,互相道歉言和。

从那以后,乔丹不仅再没有被人推来推去,而且还成了班上最受欢迎的人,并最终成为被无数球迷崇拜的英雄人物。

魔力悄悄话

除去文化的原因,要把握好坚定果断的度,对于每一个人都是有挑战的。在工作学习中遇到问题不能一味地示弱忍让,而要据理力争,培养坚定果断的高情商。

第十二章
情商的 8 种能力

　　我们喜欢自己，能够完全尊重自己，接受自己的好与坏，便体现出自我尊重。巴昂提出，"根据完美的认同感，依靠自尊和自重，肯定自己。自我尊重的人感到富有成就感和满足感。与之截然不同的是感到无能自卑"。

　　显然，这等同于"为什么我必须关注我自己"这个问题。自我尊重是一种关键能力，因为若没有完美的认同感，让人懂得尊重自己，那么将根本无法真正地融入生活，无法做到对爱情或工作完全忠诚。缺少自我尊重通常表现出不确定感和不安全感，不愿意运用正确恰当的现实判断探索自己的世界。

一、自我尊重

简单地说,自我尊重表示我们的自我感觉有多好,反映完全接受自我的能力。《韦氏词典》(1993)对其做出这样的定义:"考虑自己或自己的利益。"相反,它将"自尊"定义为:"对自我的信任、满足和自重。"

我们喜欢自己,能够完全尊重自己,接受自己的好与坏,便体现出自我尊重。巴昂提出,"根据完美的认同感,依靠自尊和自重,肯定自己。自我尊重的人感到富有成就感和满足感。与之截然不同的是感到无能自卑"。

显然,这等同于"为什么我必须关注我自己"这个问题。自我尊重是一种关键能力,因为若没有完美的认同感,让人懂得尊重自己,那么将根本无法真正地融入生活,无法做到对爱情或工作完全忠诚。缺少自我尊重通常表现出不确定感和不安全感,不愿意运用正确恰当的现实判断探索自己的世界。

巴昂在研究中发现,自我尊重是"能力行为的一个最重要的指示器"。

你是否对生活中取得的成就感到实至名归或愧不敢当,这种感觉是经历、价值、态度、行为和期望等多种因素综合作用下的产物。依靠诚实程度和自我察觉水平,或多或少地能够准确认识这种感觉。

自我察觉反映你对自己感受的了解程度,那么自我尊重则表现你对构成自己的所有特征的了解程度和喜爱程度。很大程度上,这是由通过外表行为,协调一致地表达价值观和期望的程度决定的。因为你朝着某个目标努力,而远离其他目标,其动机大多是无意识的,构建健康的自我尊重必须包括不断的自我探索,这样才能不断地发现更多的自我,充分表达完整的自我。

自我尊重与问题解决和自信的联系也能说明 16 种能力深刻的内在关联。如果一个人无法成功地解决生活中的问题,或者不能坚持并实现自己的目标,就不可能拥有最高程度的自我尊重。同样,随着自我尊重的增强,问题解决能力和自信程度同样会得到增强。

情商——乱云飞渡仍从容

由于自我尊重是能力行为最强有力的标志之一，因此其能力的提高能够形成更丰富、更灵活、更自信、更安全的身份认同。随着个体继续构建更积极的自我尊重，其享受生活、服务他人的能力将得到发展。

多丽丝·莱辛是一位自学成才的作家。她出生在伊朗，父母是英国人。她从小生活在殖民地罗得西亚，也就是现在的津巴布韦，现居住在伦敦。她是一位杰出的作家，曾荣获多项奖项，并于2007年获得诺贝尔文学奖。她被认为是一位非裔作家、女性作家。现代主义作家欧文·豪称其为："人际关系的考古学家。"2007年，在斯德哥尔摩举行的诺贝尔奖颁奖大会上，组委会的颁奖词说道："她看待人类各种行为方式时能并处偏见，奋起痛陈社会不平现象，深刻入里地剖析第三世界的贫困和腐败问题，成为本世纪女性角色的化身。"

她被高度评价为最重要的第二次世界大战后英语作家之一。她的小说、短篇小说和散文关注广泛的社会问题：早期小说描写了非洲种族政策；代表作《金色笔记》等作品刻画性别歧视问题，20世纪70年代后期和80年代早期作品探索家庭和个体在社会中的角色问题。

莱辛帮助我们审视自己与他人的人际关系。她通过敏锐的视角观察世界，并将之转换为文字作品。作为一位女性作家，如此坦率直白通常不被社会所接受。然而，她巨大的勇气和决心让她敢于刻画看到的真相。

魔力悄悄话

强大的自我尊重能力能够使我们分享自己的能力并令人感动。自我尊重是能力行为最强有力的标志之一，因此其能力的提高能够形成更丰富、更灵活、更自信、更安全的身份认同。

二、自我实现

巴昂给出了这样的定义:"自我实现是追求实现潜在能力、才能和天资的过程。它要求个体具有确定和实现目标的能力和动力。它的特征是参与并感受全身心致力于各种兴趣和追求。自我实现是倾注一生,以得到充实的人生。"

心理学家亚伯拉罕·马斯洛也许是最早界定自我实现能力的人。还记得他提出的需求层次理论吗? 20 世纪中期,马斯洛在其作品中确定了核心需求等级,每一层次得到适度满足后,才能充分实施下一层次的需求。需求层次依照心理需求(食物、住所、水)—安全需求(社会安全、制度、法律)—归属感和爱情需求(给予和接受感情)—尊严需求(自我尊重和他人的尊敬)的需求顺序,最终达到自我实现。

马斯洛强调,个体必须充分发挥潜能,否则不会具有满足感。自我实现是忠于自己的本性、全力拓展能力的过程。它包括成长、动机和满足"人存在的"需求等理念。后来,马斯洛重新将自我实现界定为巅峰体验的功能,正是基于这个定义,一些人将自我实现与神秘体验联系起来,而且确有幸运者在实践自我实现中获得神秘体验。在日常生活中,我们还会找到许多其他普通的表现范例。

与马斯洛理论相同,巴昂写道,自我实现"很可能是在个人发展的复杂过程中情商之后的下一个阶段,也是终极阶段。尽管情商与效率相关,但自我实现关系到能否做到完美和最佳。换句话说,一旦实现自我实现,我们已经跨越情商,实现人的效率的更高层次"。

巴昂在 2001 年撰写的一篇文章中写道:"自我实现的最佳指示标便是以下 8 种情商能力,按照其重要性排列如下:

快乐;

乐观:

自爱;

自立；

问题解决；

社会责任；

自信；

自我察觉。

自我实现反映出在实现对个人生活具有重要意义的目标时，我们感到的成功感。人生中具有挑战性甚至危险性的经历表现出人类精神的惊人的适应力。维克多·弗兰克在其著作《活出意义来》中，讲述了多个鼓舞人心的故事，体现出人类在恶劣环境中超强的自我实现能力。

本书关注自我激励的各个方面。结合快乐和乐观的积极作用，以及其他6种能力，我们能够生活在充满激情、全身心投入的生活中。自我实现是一个过程，而不是终极目标。它是我们"正在做的"和"我们的现状"相结合的状态。

因此，关键性问题是：

在此过程中我做得怎么样？

在此过程中我表现得怎么样？

我对现在的状况满意吗？

这次历程中，我是在按照自己的进度前进吗？

我是受到鼓舞而成为最出色的吗？

我们内心都有一种强烈的声音，渴望尽自己所能成为最棒的。对一些人而言，这是一种强烈而迫切的呼声；而在另一些人看来，这也许只是窃窃私语。快乐感、乐观的态度，以及其他6种能力的现有程度，影响着我们渴望增强该能力的迫切程度及成功实现的可能性。如果我们经常遇事悲观，这会抑制我们对机遇的感知，从而错过时机。或许，如果悲观者能对自己说："好吧，如果可能的话，我愿意……"这也是将来某时某刻实现梦想的重要途径。

自我实现对成功经营的影响举足轻重。每年都有数百万美元资金用于团队合作，帮助员工增强动力，尽自己所能成为最棒的。从实际角度看，自我实现是公司成功的核心。斯坦和布克为撰写《情商优势》，运用 EQ－i 对来自不同行业的近5000名在职人员进行了研究。结果发现，促进全面成功的前五种要素中，第一个就是自我实现。因此，自我实现是公司重视员工发展的最重要因素之一。

关注你的意愿和一些重要信息。你是否渴望成为艺术家，但现在却是银行家？这种情商能力以其他 8 种能力为基础，因此它并非单方面提高便能实现完美状态的能力。它是构建自我实现中不可或缺的一部分。

制定计划，按部就班地推进实施，指导客户也是如此。这并非一场竞技比赛，而是一个渐进的过程。如果你平时坚持有意识地脚踏实地地执行，把愿景看作可能实现的目标，就会听到内心的智慧，享受更快的成长速度，远比你因为总是琢磨"本该做得更多"而经常感到不悦要好得多。毕竟，"本该做"已成过去。这是一切皆有可能的时刻。

如果知道自己走在正确的道路上，就会感到更舒适、更富活力、更乐此不疲。对大多数公司而言，激励员工是非常重要的。培养自我实现能力则是激励员工的核心，它能够帮助个体明确哪些激励性策略对自己最有效。

医学博士、哲学博士维克多·弗兰克，著有《活出意义来》。他是一位充满灵感的精神病学家、维也纳大学医学系神经学和精神病学教授。他曾被囚禁在波兰奥许维次达豪集中营和其他集中营，长达 3 年之久。在此期间，他开始研究什么因素引导我们成为"人"。他注意到，令人毛骨悚然的环境影响着集中营的所有囚犯，但有些人却能幸存下来。他认为此种现象与每个人的态度密切相关。别人不能控制个体的态度，态度是一个巨大的个人资源。这些理念为全世界所传颂，用以激励各行各业的人。

魔力悄悄话

自我实现能够促进个体快速成长。随着个体潜能的不断提高，自我实现能力无可限量。培养自我实现能力则是激励员工的核心，它能够帮助个体明确哪些激励性策略对自己最有效。

三、自我察觉

　　了解自己感受到了什么，为什么会有这种感受，这也许是有效情绪方式的最重要组成之一。最终，它与我们如何运用同理心、理解他人的感受以及产生原因的能力紧密相连。情绪察觉和同理心等能力激发并影响自我和他人的想法和行动，简而言之，它是实现人生成功的必要能力。

　　思考片刻：情绪与感觉紧密相连；事实上，新生儿和婴儿探求物质世界的时候，情感世界随即打开。直到身体强壮，能够在床上翻身打滚，我们深受周围环境的影响。如果某些事物刺痛或制约了我们，尽管我们不能界定它，改变它，但身体会做出条件反射，收缩肌肉，表达厌恶憎恶；从最初感到不适，不适感贯穿肢体或躯干，感觉逐渐强烈，最终遍及全身。如果这样仍无法让我们释然，仍感到极度不舒服，只能号啕大哭，释放自己。

　　相反，如果某些事物让我们高兴，如暖烘烘的杯子，或者某人用手臂摇着我们，我们的肌肉会全部放松，舒服地享受这个过程。很明显，喂养引发一些肌肉运动（同样，主要是条件反射），但更有趣的也许是，享受本身实际上需要付出一种"努力"，即"察觉"。下意识地注意我们正在体验的感觉宛如按下我们生活录音机的"录音键"，让关于这种感觉的记忆成为一种意识。相反，如果婴儿很警觉灵敏，注意这种感觉体验，出于反射性或下意识，喂养感觉被无意识地录制下来。

　　情绪最初是我们学着附加于情感体验、喜好厌恶的价值。充盈着喜悦和不快感觉的境况促使我们识别和表达情感的喜好。我们所有的感觉生活被意识记录下来，回忆这些情绪的方式，不论是有意识的还是无意识的，这都与我们的情绪察觉水平紧密相关。

　　感觉察觉和情绪察觉的下一个发展阶段是符号察觉，我们开始用本族语言和想法表达我们的体验。在生活中，这是无比兴奋、无比满足的时刻。此时，我们已经发展了肌肉和协调能力，能够让我们或多或少地根据喜好探索世界，告诉人们我们具体想要什么，更需要什么。

可惜,当我们开始考虑孩子的未来,考虑在当今技术驱动的后现代社会中他们需要实现什么目标以获得成功时,通过言语将我们的世界具体化,并作为"除我们自己本身之外"被过分强化。作为父母,我们忙于各种事务,自己的关注力被分散到几十个方向;我们身心疲惫,尽量实现自己的成功标准。如果我们不知道如何花时间有意识地塑造情感世界与符号世界融合的模式,我们的孩子最后无法运用情感意向性,即情商作出回应,而只能凭借他们的条件性情感偏好。

培养我们和孩子有意识表达自我察觉的能力,必须将经验的方方面面点点滴滴连接起来:我们现在的感受,为什么有这种感受。20世纪70年代,罗伯特·卡库夫在其人际关系培训中推出一个简单明了的语言模式:"我感到____,因为____。"通过填空我们可以揭示分享内心体验。"我感到忧虑,因为我联系不上我的女儿。""我感到恼火,因为你误导我。…'我感到很激动,因为我以前从来没有看到那么大的过山车。"我们必须定期审视洞察自身情绪状态,然后适当时候,我们希望或必须与周围其他人分享我们的发现。

我们似乎处于生活的支配下,而没能为自己和关爱的人去有效地影响生活。将感觉和情绪察觉重新连接起来,并有意识地运用这种察觉帮助我们实现生活目标,并充分享受这个过程。

电影《福斯特对话尼克松》中,迈克尔·辛扮演大卫·福斯特。该片讲述了在关键的历史时刻一场惊心动魄的智慧较量。电影背景发生在水门事件曝光后的第三年。自水门事件发生后,尼克松总统被迫在白宫引咎辞职。而随后相当长的一段时间内,尼克松在公众面前消失了。但外界的媒体可没有那么健忘,毕竟水门事件的影响是巨大的,但鉴于尼克松总统一直保持沉默,也没有以个人的立场和名义对水门事件做过任何评价,也没有像无数人期待的那样进行忏悔。时间飞逝而过,三年的时间几乎冲淡了人们对这件事的记忆。然而就在这时,这场改变历史的采访发生了。1977年的夏天,尼克松总统终于答应了采访的要求,并亲自来到了演播室,准备向全美国的人民开始述说自己在总统任期内所发生的一切。英国记者大卫·福斯特必须时刻洞察、把握自己的情绪察觉,否则就会被前总统尼克松所左右,有意拖延访谈进程。如此一来,尼克松便可大大摧毁这位前脱口秀主持的声誉而改写历史,重塑声望。

尽管福斯特的研究团队工作兢兢业业,竭力为其提供事实依据,福斯特还是全身投入，四处奔波，尽量筹集付给尼克松的 600000 美元。前三次访谈进展得不尽如人意。尼克松能够回避预先设计好的问题，成功地转入冗长地自我辩解的自我独白中。距离最后一次访谈还有四天，命运发生了戏剧化的扭转。醉酒的尼克松造访福斯特居住的宾馆，坦言这是胜者为王的世界。谈话刺激了福斯特，让他明白了自己需要做什么。他指派一位研究团队成员追踪一条之前被其忽视的线索。同事带回来一个重大发现。这个伟大的转机令福斯特在接下来的三天不知疲倦地工作，与尼克松见面时他重拾信心和必胜决心。他再也不会被误导和分心了。但这位前总统仍然是一位狡猾的对手。然而，当面对福斯特提供的新证据：其与寇克森的谈话录音，他不再嚣张了。现在福斯特掌握主动，时而努力推进，时而快速回拉，让尼克松难圆其说，自挖陷阱。没有高潮的情绪察觉能力，水门事件背后的真相和尼克松的丑行永远陷入争议和推脱种。正是大卫·福斯特时时刻刻细微调整情绪变化，让他机动性胜过尼克松。

魔力悄悄话

没有自我察觉，我们依靠反应，而不是主观能动地进行生活。情绪最初是我们学着附加于情感体验、喜好厌恶的价值。充盈着喜悦和不快感觉的境况促使我们识别和表达情感的喜好。

四、情感表达

　　情感表达的有效性归于情绪的自我察觉能力。然而，两者实际上是完全不同的能力。尽管自我察觉体现了情绪能量的敏感程度和情绪认知程度，但情感表达衡量我们与他人交流自己感情的准确性和有效性。两者的差别如同听、说两种能力一样显而易见，我们需要多元化的情感词汇将我们的体验从感知数据转变为言语表达。

　　例如，团队成员依据 TESI 衡量团队情感察觉能力，部分衡量指标就是团队行为与情感表达的相关性。为此，个体必须能够自由运用一定的情感词汇精准区分团队中的各种情绪状态。这包括热情、挫折等区别明显的情绪，还包括某种情绪的不同表现程度。人们愿意在这儿，还是热情高涨地实现成功？他们担心第三方对公司新产品的评测可能会拖延进程，还是唯恐该产品不能实现预期效果？为什么必须关注这种能力？

　　情感表达不容忽视。我们的身体不会主动地做出情绪反应，除非环境中有我们值得注意的事物。这可能是一种负价值，必须让大家回避；这可能是一种正价值，值得充分利用。它可能阻碍我们实现正在全力以赴的目标，需要我当加倍努力克服阻碍。它可能是一个机遇，支持或帮助他人或团队应对个人力量无法战胜的巨大挑战。

　　拓展情感表达词汇无疑是提高情感表达能力的重要环节之一。如果词汇匮乏，不能交流现时感受的细微差别，那么别人很难有意识地明白我们现在的具体感受。然而，非言语交流告诉他们，我们开心还是不开心，我们受到了威胁，还是正在受到威胁等。认识到这一点，至关重要。

　　有效表达情绪需要更主动地运用非言语表达。姿态、语调、面部表情、手势、声音的高低和节奏以及其他非言语表达能够传达 90% 以上的信息。词语表达只占到 7% 的信息量。由于非言语交流是无意识产生的，我们会无意间流露出自己的恐惧、愤怒和判断，而缺乏对周围事物的关注和协调，最终大大削弱了我们的影响力。

欲望、恐惧、愤怒和无私是人本身的四类主要动机，促使我们采取行动。为了实现欲望，我们采取行动，步步贴近目标；我们远离恐惧或厌恶的事物；我们回避阻碍自己实现欲求的事物、政策和个体。在利他主义情绪激励下，我们接近关心的人和情境，表达我们的情感，提供物质帮助，并希望与他人分享。理解情绪和动机之间的关系可以帮助我们更准确地读懂他人，有意识地传递简单明了的信息。

艾略特有着杰出的情感表达力，能够通过词语传达对生活微妙的深刻洞察。他独特的综合认知、务实、理想等交织在一起，使其表达力远远超过词汇表达，能力让人惊叹。但是，正如在诗集《四个四重奏》中的诗歌《伊斯特·库克》中发出的大声呐喊，实现此效果谈何容易。

除了耐心和坚定的毅力，他也知道如何运用最严格的自律，即冲动控制。后来，他在《伊斯特·库克》中写道，需要等待希望和爱，虽然它们可能是错误的，但有信心相信"这样的黑暗是光明、寂静的舞蹈"。

魔力悄悄话

勇气为自尊产生的自信和自立奠定了基础，自信和自立助于提升情感表达能力。因此，如果我们希望更公开、更真实地表达自己的情感，必须提升这两种技能。

五、自信

自信,是指能够表达情感、信念和想法,以非破坏性方式捍卫自己的权利。斯坦和布克给出以下定义。

"自信包括3种基本能力:

1. 表达情感(如接受和表达愤怒、热情和性欲等感觉);

2. 公开表达信念和想法(能够表达观点,发表异议,采取坚定的立场,即便情感上很难做到,即便这么做会有所损失);

3. 积极争取个人权利(不允许他人侵犯你或利用你)。自信的人不会被过度控制或感到害羞,他们能够表达自己的情感(通常是直接地表达),但不会咄咄逼人或满口谎言。"

自信要求坦率直接、善用技巧、考虑他人。韦辛格对此做出这样的描述:"能够捍卫你的权利、观点、想法、信仰和需求,与此同时尊重他人的权利、观点、想法、信仰和需求。"

反空间概念可以帮助我们了解自信和过分自信的区别。艺术家和设计师运用反空间概念,利用物体周围的空间,清晰地认识物体的形状、轮廓和语境意义。

例如,如果你要描绘一个梨,慢慢地将目光从梨上移开,看看它如何阻挡和遮蔽其周围空间或物体。这是检验一种概念的有用工具。

为探究一种概念的反空间,只需关注它的对立面。这有助于将错误假设和错误结论出现的可能性降到最小。自信而不过分自信。过分自信跨越自信、莽撞、争强好胜。两者重要的不同点在于,过分自信无视他人的感受、观点或目标,不惜任何代价和手段达到目的。

自信表现出对他人的尊严和人格的尊重。传达可能不太受欢迎或引起争论的信息时,也如此。自信是"心肠软"和"恃强凌弱"之间的平衡状态。

为什么必须关注这种能力

自信是我们的支柱、毅力、勇气,让我们能够与环境相互作用,让世界听到我们的声音！自信赋予我们力量，帮助我们确定自己与众不同之处。它赋予我们自我尊重感，因为通过表达自己的期望、感受和想法，可以清晰地界定自己，关注自己。

尽管自信首先处理我们的内心感受和反应，但它最终通过我们的交流和行动方式得以体现。为了实现有效地交流，我们通常被要求做到坚定自信，说出有风险的境况。《高超的人际交流》的作者将自信地交流描述为："自信的反应包括捍卫自己，同时考虑他人。

自信的风格包括公开、自信地表达个人情感、观点，尊重自己同时尊重他人；聆听他人的观点……"

人们之间不时发生观点不同、矛盾冲突的情况。为了提高效率，不论在工作还是生活中，我们必须准确揭示问题，处理差异。在《一次完美飞行的力量》中，莱恩·艾萨圭拉坚信："我们必须朝着和解的方向努力，冲突应当朝着友好的力量方向引导和利用，而不应像躲避敌人那样去逃避。领导力包括学会重视矛盾冲突。"

如果处于危险之中，我们始终能够表达自己观点，维持甚至深化彼此关系，我们该多么快乐、高效啊！自信让我们真实面对自己，尊重他人。

构建自信通常意味着：

. 节制慎言——提高自信能力；

. 咄咄逼人——削弱自信能力。

需要自信时，他是沉默寡言还是过度表现？若没有恰当地表现出坚定自信，他通常是走向连续线的一端，还是根据情形在两个极端之间反复变化？斯坦和布克对自信做出了相似的定义。

要自信则必须有同理心和勇气，帮助我们缓解连续线两端的行为。同理心帮助我们对他人观点的感受更敏感，减弱防御性，有尊严、自信地对待他人。此外，它有利于我们思考，向他人隐瞒的信息如何更利于其成长。

提高自信能力可以迅速提升我们的价值、影响力和幸福感。当我们恰到好处地运用这些能力时，我们不再是巨大毁灭的受害者或者工具。我们不会因为向他人隐藏自己的欠妥想法而感到难受，不会因为将丑恶感隐藏在心而感到痛苦，也不会因唐突、刻薄地将所有感受全部爆发，而令他人不悦。

若管理者和员工均能恰当地运用自信能力，公开分享信息和问题，公司会更富成效。

公民权利活动家马丁·路德－金的"大人物"感象征着对人类价值的颂扬和对压迫的征服。他给予黑人和穷人希望和尊严。他的非暴力直接行动的哲理和非破坏性的社会变革激起了民族意识,重新明晰了国家的重大事务。

魔力悄悄话

当我们感到懦弱时,自信不仅能让我们精神振奋,还能帮助我们更开放、更宽容地接受他人的观点。提高自信能力可以迅速提升我们的价值、影响力和幸福感。

六、自立

自立表示能够独立思考，不受他人想法、欲望和情感的影响。它并不意味着一个人完全漠视他人的需求和社会事务。它表示一个人能够过滤他人的输入信息和期望值，树立自己的信念和价值，从而得出结论，采取影响其一生的行动。

适当的自立程度和表现方式深受社会文化的影响。东方社会视团队历程重于个人需求，而西方文化倾向于独立。永恒的美国偶像——牛仔，就是自强自立的典型代表。

为高度突出自立，电视连续剧《星际旅行：下一代》创造了一个名为"博格"的外星人社会。看似独立的个体在精神上与其他个体相连，受到同一个大脑的控制。这种理念被称为"蜂巢心智"。博格原型的作用在于它们完全缺乏独立性，遭到西方思维方式的厌恶。因此，它再次证明西方对自立自强的追求。

自立通常需要勇气，因为一个人的行为能让其脱颖而出，提升曝光度，而独立的思维和行动也许很难做到。集体思维传达了遵照他人价值和道德规范的理念。作为自立能力的对立面，集体思维不支持个性的存在。

《韦氏词典》对"自立"给出这样的定义："不受他人控制——不屈从、不附属或加入更大的控制单元。

自立在团队情境中至关重要，前提是它必须贯穿在团队合作过程中，并通过团队合作得以确立。一个人只有能够主动完成工作，并吸纳他人参与其中，共同为团队目标贡献一分力量，才会被尊为团队一员。

如何构建这种能力

关注生命中何种情况下你会不愿意锻炼自立能力。是在所有情况下，还是在与某些人接触的情况下？探究什么原因让你不愿坚持自立。你是否在乎人们认为你不"友好"？在乎别人会生气？在乎有人会挑战你的职位或结论？提问客户同样的问题。

如果坚持自立可以获得更多(如自爱、自信和团队合作),那么制定循序渐进的方案可以提高自立能力。坚持这个方案,你会惊讶自己的自立能力,并提升自己的潜力。同样,当你指导客户朝着这个方向努力时,他们也会发生同样的改变。

有自立能力的人知道根据自己的道德观和价值观采取行动,抵制不合理的事物,并对此有满足感。他们忠于自己的想法和直觉,自立感得以增强。面对艰难境况时,他们具有直面挑战的英雄气概。

穆罕默德·甘地是一名英国大律师,他为非洲和家乡印度争取民族独立和自由。他遵守自己的道德观,独立地实现社会期望值。他的一生都在反对种姓和种族偏见。他避开暴力,以个体反抗和非合作为平台在社会领域中具有显赫地位。"甘地少有的乐于反抗错误的现象,以及热爱对手,令敌人感到困惑,不得不对他产生敬仰。"他是促使印度从英国殖民统治独立出来的巨大力量。

魔力悄悄话

自立表示能够独立思考行动,信任自己的判断。它反映自信和敢于冒险的意愿。有自立能力的人知道根据自己的道德观和价值观采取行动,抵制不合理的事物,并对此有满足感。他们忠于自己的想法和直觉,自立感得以增强。

七、人际关系

人际关系是情商的检验场，是情商真正发挥作用的时刻。人际关系能力决定着生活中的其他人是迫切希望再次见到我们，还是害怕见到我们；决定着我们的需求、欲望和目标受到期待、认可、欣赏和尊重，还是受到排斥和忽视。人际关系的质量决定了家庭、邻里和工作场所中的社交和情感氛围。人际关系顺畅，提供了平台，让我们能够与他人分享处世经验，从中获得享受。

斯坦和布克将人际关系能力界定为"建立并保持令双方满意的关系的能力，其特点为双方在交往中都有'给予'和'索取'，信任和热诚都直接通过言语或行动来表达"。关键是构建彼此的联系。培养相互满意的人际关系需要把一些控制力交给某些人。但是，基于情商能力之间的自然对应，我们发现这种让权正是社会责任感的体现。放弃某些自身利益，并"共担风险"，最能将我们的利益和注意力快速聚焦到集体的需求。

为搭建真诚的人际关系，我们必须充分理解他人，从而预先考虑并满足他的喜好，某种程度上满足他们的需求，他们最终决定我们的付出能否成功。更复杂的是，有时，几乎所有人都会虚伪地表达他们的期望目标，虚假地表达他们情愿或不情愿给予的事物。为搭建真正亲密的人际关系，我们必须充分了解他人，以便及时察觉他们的虚假欺骗行为，并建设性地引导他们表达真实想法。

不管多么善于伪装，人类必须关注人际关系能力，因为我们属于高等社会性动物，因此不能长久地与世隔绝。古代生物进化过程，让我们倾向于寻求与他人的交往。大脑和心脏结构及身体的神经传递介质全是数百万年的行为的延伸。你不能逃避与他人的接触和交谈，除非遭受更为极端的一些精神疾病（如精神分裂症或自闭症）。

地球变得越来越拥挤，越来越多的资源不得不众人共享，结交朋友和维持友情的能力对个体的社会发展乃至生存都至关重要。邻里之间和团队成员之间的信赖和忠诚是美国革命胜利和成功平定边界的关键。我们只有变得越来越富有,才能免于分裂和瓦解,而现在分裂和瓦解的现象司空见惯。人类要对这种人际关系的疏远付出沉重的代价。现在,我们和邻居隐含着模糊的竞争意识和猜疑,不想受到他们打扰。

人际交往不仅不会让我们对社会责任投入更多的资源和关注,反而能够提高我们的压力忍受度,让我们更快乐。用全新的视角,真实地审视自己,我们会重新发现,自己本质上仍属社会性动物。

幸运的是,对于真正想提高这种能力的人而言,构建持久、互惠互利的人际关系容易实现。同样,牢记:在所有13种能力当中,这是最容易受到人体遗传因素制约的一种能力。每个人都有一个舒适区,控制着我们保守、外向的程度。我们可以学着跨越这个区域,但要想如此必须先为自己"充电"。

首先,公正地审视自己现在的满意度。思考生活中最关键的人际关系,考虑最满意和最不满意的方面。其次,若想结交新朋友或提高现有人际关系的质量,必须发生改变。试图改变对方,注定是徒劳之举;相反,改变自己是解决某种挫折和失败的秘诀。接下来,采取具体行为,例如,更多地聆听对方,向对方进行自我介绍,寻找共同的兴趣点,理解非言语表达,谈话结束后建议未来进行更多的联系。

当然,有的关系应当终止,虐待关系就是一例。清楚应当培养哪些关系,应当终止哪些关系也是一种能力。现在,我们关注搭建和提高健康人际关系的途径。

庆祝成功是营造快乐的重要源泉。某种程度上,如果你能提高人际交往的质量和数量,你将拥有更多分享成功的人。帮助客户构建这种能力时,他们会在实现期望目标的过程中,感到更轻松、更有成就感。

魔力悄悄话

人际关系是情商的检验场,是情商真正发挥作用的时刻。改进人际关系能力可以给你带来许多积极的改变,如压力减轻,生产力和创造力得以提高,生活乐趣增强。

八、同理心

根据《韦氏词典》的解释,同理心表示能够"理解、意识、感觉、间接地体验他人的感受、想法和精力"。有效运用这种能力的关键在于,学会如何对他人感受及产生这种感受的原因做出正确的反应。

同理心表示能够"读懂"他人,与他们产生共鸣。首先要关注他人,表现出真诚聆听、理解对方的行为和情绪。这要求运用构建情绪察觉中所培养的洞察力,对他人要充满好奇心:他们现在有什么感受? 这种感受有多么强烈? 为什么有这种感受?

当我们学会如何区分自己和他人时,我们的同理心便开始产生。作为人类,我们能够看着镜子,辨认自己。大多数动物没有这种能力。为了培养这种能力,我们必须认识到自己和他人之间的不同。同理心不同于同情。"同情"让我们失去了关键的距离感,和其他人产生同感,以至于我们自然而然地与他人有着相同的感受。他们悲伤沮丧,我们也悲伤沮丧。他们冲劲十足,同心协力,我们也冲劲十足,同心协力。我们没有必要知道为什么如此,因为其他人都是这样。当我们需要对普通困难一同做出反应时,表现出同情或许很有效,因为同情是构建忠诚和友谊的核心。相反,缺少自立,同情心蜕变为情感依赖(尤指本人丧失了自信心与自我价值感),此时,我们便失去了客观性和有用性。

积极的同理心对培养和维持真挚持久的人际关系至关重要,对工作场所、社团和家庭的顺畅运行举足轻重。当我们怀着同理心参与其中,我们便会积极地关注他人,从多角度观察他们的交流。

在当今生活、工作节奏日益加快的世界里,同理心的重要性与日俱增。充分关注他人最初需要更多的时间、更多的投入和激励,但会有所收获,因为同理心能够促进更准确地交流,使效率提高、矛盾减少。正如斯坦和布克所说:"当你充满同感地向对方表述,即便双方处于紧张或敌对状态,你也能改变局面,促使争吵和焦虑变为更牢固的合作同盟。"

合作同盟可以极大地提升他们的优势和生产效率。创造合作氛围,首先双方要有同理心的互动。这是构建信赖的开端。当你帮助他人解决矛盾时,你富有同感的称赞将产生更多的交流,赋予交谈更多的灵活性,最终解决双方关心的问题。此外,同理心也同样为处于矛盾中的其他人做出了榜样。

科学家正在探索同理心和人类进化之间的联系。娜塔莉·安吉尔在《丹佛报》发表的文章中提到,研究人员正在观察黑猩猩的同理心表现。她写道:"情绪与引力很相像,同理心让人类事务在正常轨道上运行,正如地球围绕太阳旋转。同理心能够让个体认识到他人的困境。"

在充满谈判挑战的世界里,我们需要得到一切能够获得的帮助。在交流中运用同理心,便是最有效的策略之一。当然,如果怀有同理心地发表建议,你的建议会更富有说服力。

本书强调的每种情商能力均对其他能力产生相互影响。同理心能力的发展与情绪的自我察觉、自我尊重、现实判断和自我实现等能力紧密相关。正如莱恩所说的:"能够察觉自己的情绪可能源自护理人等人的输入信息。随着时间的流逝,自我和他人的经历表现逐渐区分开。利用自己的情绪经历能够让你准确地适应他人的情绪状态。这就是表现和交流昔日情绪经历的过程。"

提高同理心的关键是有意识地关注他人。这需要提升兴趣,认真聆听,理解与我们交流的人正在表达的信息,而不是把我们对现实的解析附加给他们。辅导个体或团队时,可使用下列策略。

.站在对方的角度思考问题。这可以是谈话中的一次快速互动,或者通过分担工作、跟随工作或其他方法体验对方现在的经历。

.设法理解他人的责任及其面临的挑战。

.询问。如果某人说的话似乎与你的体验相距甚远,你可以说:"很有趣,请再谈得详细些。"这能让你正确理解对方试图交流的信息,也有利于对方更好地了解自己。

几乎没有人喜欢争吵,但是,人们产生矛盾的根源之一就是误解对方期望表达的意思。当然,我们可以指责对方,但最有效、最巧妙的策略能够促进交流的有效进行。富有同理心地去聆听,这不仅可以更准确地理解对方努力传达给我们的信息,而且可以尽量帮助对方更清晰地表达他们的意思。

1910年8月,备受世人爱戴的特蕾莎修女出生于马其顿共和国的斯科普里。她感到自己有一种深深的责任感,志愿为基督部工作,因此 18 岁时,她加入德勒萨修女组织。该组织是一个爱尔兰修女组织,在印度布道。1950 年,特蕾莎修女获准成立了仁爱传教会,初衷是关爱无依无靠的人。1965 年,经罗马教皇保罗六世批准,该组织成为国际宗教家庭。1979 年,她被授予诺贝尔和平奖。她对陷于贫困痛苦境况的群体给予了无私的关爱和无限的同情,因而备受世人尊崇。

魔力悄悄话

　　能够准确推断他人的想法和感受,是认识者同理心能力的最完美表现。积极的同理心对培养和维持真挚持久的人际关系至关重要,对工作场所、社团和家庭的顺畅运行举足轻重。